科技探索·奥秘生命

李华金 编著

Keji
Tansuo
Aomi shengming

造福人类的基因工程

Zaofu renlei De
Jiyin Gongcheng

中国出版集团
现代出版社

图书在版编目（CIP）数据

造福人类的基因工程 / 李华金编著 .—北京：
现代出版社，2012.12（2024.1）
ISBN 978－7－5143－0796－2

Ⅰ.①造… Ⅱ.①李… Ⅲ.①基因工程－青年读物
②基因工程－少年读物 Ⅳ.①Q78－49

中国版本图书馆 CIP 数据核字（2012）第 285770 号

造福人类的基因工程

编　　著	李华金
责任编辑	杨学庆
出版发行	现代出版社
地　　址	北京市安定门外安华里 504 号
邮政编码	100011
电　　话	010－64267325　010－64245264（兼传真）
网　　址	www. 1980xd. com
电子信箱	xiandai@ vip. sina. com
印　　刷	三河市人民印务有限公司
开　　本	710mm×1000mm　1/16
印　　张	14. 5
版　　次	2012 年 12 月第 1 版　2024 年 1 月第 9 次印刷
书　　号	ISBN 978－7－5143－0796－2
定　　价	59. 80 元

前言 PREFACE

造福人类的基因工程

1859年，英国著名生物学家、进化论的奠基人达尔文发表《物种起源》；1866年，奥地利著名生物学家、遗传学家孟德尔通过豌豆实验发现生物的遗传基因规律；1953年，美国人沃森和英国人克里克通过实验提出了DNA分子的双螺旋模型；特别是进入到20世纪50年代以后，以基因科学为核心的生命科学突飞猛进，新概念、新名词日新月异，与时俱增。基因也成为运用次数最多的字眼之一。

近几十年来，人们对基因的认识之深、之广，已远非100年前可以相比。很多曾经被我们视为常识的东西，在今天都遭到新研究的质疑，甚至被彻底推翻。癌症是怎么引起的？智力会遗传吗？地球上最古老的生命是什么？人类从哪里起源？这些问题在今天的答案，已经和三四十年前大不相同了，正是有了这些崭新的认识，像生物工程、医学、农学这样的应用科技，才能在近年和可预计的将来同样发生翻天覆地的变化。

基因工程与国计民生关系十分密切，丰衣足食、安居乐业、健康长寿、天下太平都离不开基因科学。例如，基因工程的突破将帮助人类延年益寿。目前，一些国家人口的平均期望寿命已突破80岁，中国也突破了70岁。有科学家预言，随着癌症、心脑血管疾病等顽症的有效攻克，在2020至2030年间，可能出现人口平均期望寿命突破100岁的国家。到2050年，人类的平均期望寿命将达到90～95岁。

本书旨在帮助读者较全面地了解基因科学知识及基因科学在工业、农业、医学等诸多方面的应用价值。本书在保证科学性的基础上，积极探索趣味性和可读性，力争使读者在轻松的阅读过程中增长知识。

CONTENTS 目录

造福人类的基因工程

ZAOFU RENLEI DE JIYINGONGCHENG

概 述

人类基因探秘

概　述

ZAOFU RENLEI DE JIYIN GONGCHENG

基因工程是在分子生物学和分子遗传学综合发展基础上于20世纪70年代诞生的一门崭新的生物技术科学。它是生物工程的一个重要分支，和细胞工程、酶工程、蛋白质工程和微生物工程共同组成了生物工程。

一般来说，基因工程是指在基因水平上的遗传工程，它是用人为方法将所需要的某一供体生物的遗传物质——DNA大分子提取出来，在离体条件下用适当的工具酶进行切割后，把它与作为载体的DNA分子连接起来，然后与载体一起导入某一更易生长、繁殖的受体细胞中，以让外源遗传物质在其中“安家落户”，进行正常复制和表达，从而获得新物种的一种崭新的育种技术。

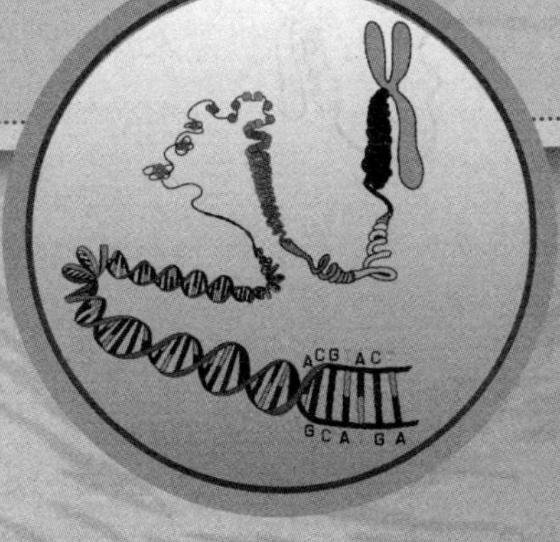

什么是基因？

基因——有遗传效应的 DNA 片断，是控制生物性状的基本遗传单位。

人们对基因的认识是不断发展的。19 世纪 60 年代，遗传学家孟德尔就提出了生物的性状是由遗传因子控制的观点，但这仅仅是一种逻辑推理的产物。20 世纪初期，美国生物学家、遗传学家摩尔根通过果蝇的遗传实验，认识到基因存在于染色体上，并且在染色体上是呈线性排列的，从而得出了染色体是基因载体的结论。

20 世纪 50 年代以后，随着分子遗传学的发展，尤其是沃森和克里克提出双螺旋结构以后，人们才真正认识了基因的本质，即基因是具有遗传效应的 DNA 片断。研究结果还表明，每条染色体只含有 1 ~ 2 个 DNA 分子，每个 DNA 分子上有多个基因，每个基因含有成百上千个脱氧核苷酸。由于不同基因的脱氧核苷酸的排列顺序（碱基序列）不同，因此，不同的基因就含有不同的遗传信息。1994 年中科院生物学家曾邦哲提出系统遗传学概念与原理，探讨猫之为猫、虎之为虎的基因逻辑与语言，提出基因之间相互关系与基因组逻辑结构及其程序化表达的发生研究。

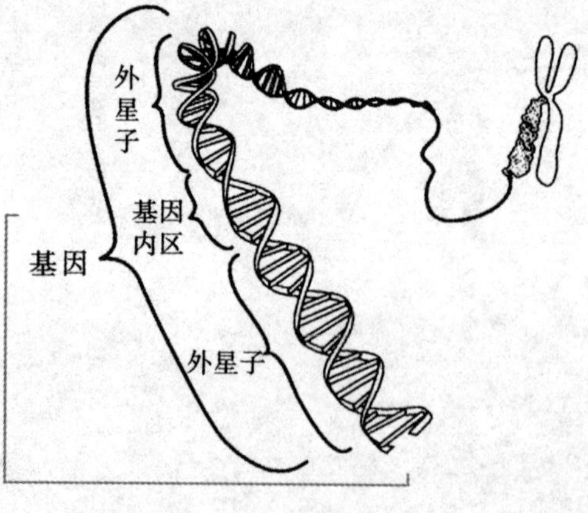

基因片段

基因有两个特点：一是能忠实地复制自己，以保持生物的基本特征；二是基因能够“突变”，突变绝大多数会导致疾病，另外的一小部分是非致病突变。非致病突变给自然选择带来了原始材料，使生物可以在自然选择中被选择出最适合自然的个体。

含特定遗传信息的核苷酸序列，是遗传物质的最小功能单位。

除了某些病毒的基因由核糖核酸（RNA）构成以外，多数生物的基因由脱氧核糖核酸（DNA）构成，并在染色体上做线状排列。基因一词通常指染色体基因。在真核生物中，由于染色体都在细胞核内，所以又称为核基因。位于线粒体和叶绿体等细胞器中的基因则称为染色体外基因、核外基因或细胞质基因，也可以分别称为线粒体基因、质粒和叶绿体基因。

基本小知识

细胞核

细胞核是存在于真核细胞中的封闭式膜状胞器，内部含有细胞中大多数的遗传物质，也就是DNA。这些DNA与多种蛋白质，如组织蛋白复合形成染色质。而染色质在细胞分裂时，会浓缩形成染色体，其中所含的所有基因合称为核基因组。细胞核的作用，是维持基因的完整性，并借由调节基因表现来影响细胞活动。

在通常的二倍体的细胞或个体中，能维持配子或配子体正常功能的最低数目的一套染色体称为染色体组或基因组，一个基因组中包含一整套基因。相应的全部细胞质基因构成一个细胞质基因组，其中包括线粒体基因组和叶绿体基因组等。原核生物的基因组是一个单纯的DNA或RNA分子，因此又称为基因带，通常也称为它的染色体。

基因在染色体上的位置称为座位，每个基因都有自己特定的座位。凡是在同源染色体上占据相同座位的基因都称为等位基因。在自然群体中往往有一种占多数的（因此常被视为正常的）等位基因，称为野生型基因；同一座位上的其他等位基因一般都直接或间接地由野生型基因通过突变产生，相对于野生型基因，称它们为突变型基因。

人类染色体扫描图

概述

在二倍体的细胞或个体内有两个同源染色体，所以每一个座位上有两个等位基因。如果这两个等位基因是相同的，那么就这个基因座位来讲，这种细胞或个体称为纯合体；如果这两个等位基因是不同的，就称为杂合体。在杂合体中，两个不同的等位基因往往只表现一个基因的性状，这个基因称为显性基因，另一个基因则称为隐性基因。在二倍体的生物群体中等位基因往往不止两个，两个以上的等位基因称为复等位基因。不过有一部分早期认为是属于复等位基因的基因，实际上并不是真正的等位，而是在功能上密切相关、在位置上又邻接的几个基因，所以把它们另称为拟等位基因。某些表型效应差异极少的复等位基因的存在很容易被忽视，通过特殊的遗传学分析可以分辨出存在于野生群体中的几个等位基因。这种从性状上难以区分的复等位基因称为同等位基因。许多编码同工酶的基因也是同等位基因。

属于同一染色体的基因构成一个连锁群。基因在染色体上的位置一般并不反映它们在生理功能上的性质和关系，但它们的位置和排列也不完全是随机的。在细菌中编码同一生物合成途径中有关酶的一系列基因常排列在一起，构成一个操纵子；在人、果蝇和小鼠等不同的生物中，也常发现在作用上有关的几个基因排列在一起，构成一个基因复合体或基因簇或者称为一个拟等位基因系列或复合基因。

基本小知识

基因工程药物

基因工程药物，是重组DNA的表达产物。广义地说，凡是在药物生产过程中涉及用基因工程的，都可以成为基因工程药物。基因工程药物研究开发的重点是从蛋白质类药物，如胰岛素、人生长激素、促红细胞生成素等的分子蛋白质，转移到寻找较小分子蛋白质药物。这是因为蛋白质的分子一般都比较大，不容易穿过细胞膜，因而影响其药理作用的发挥，而小分子药物在这方面就具有明显的优越性。

基因的类别

20世纪60年代初，犹太裔法国生物学家F. 雅各布和法国分子生物学家J. 莫诺发现了调节基因。把基因区分为结构基因和调节基因是着眼于这些基因所编码的蛋白质的作用：凡是编码酶蛋白、血红蛋白、胶原蛋白或晶体蛋白等蛋白质的基因都称为结构基因；凡是编码阻遏或激活结构基因转录的蛋白质的基因都称为调节基因。

拓展阅读

胶原蛋白

胶原蛋白是一种生物性高分子物质，英文学名Collagen。在动物细胞中扮演结合组织的角色。为生物科技产业最具关键性的原材料之一，也是需求量十分庞大的最佳生物医学材料。其应用领域包括生物医学材料、化妆品、食品工业、研究用途等。

但是从基因的原初功能这一角度来看，它们都是编码蛋白质。根据原初功能（即基因的产物），基因可分为：①编码蛋白质的基因。包括编码酶和结构蛋白的结构基因，以及编码作用于结构基因的阻遏蛋白或激活蛋白的调节基因。②没有翻译产物的基因。转录成为RNA以后不再翻译成为蛋白质的转移核糖核酸（tRNA）基因和核糖体核酸（rRNA）基因。③不转录的DNA区段。如启动区、操纵基因等等。前者是转录时RNA多聚酶开始和DNA结合的部位；后者是阻遏蛋白或激活蛋白和DNA结合的部位。已经发现在果蝇中有影响发育过程的各种时空关系的突变型，控制时空关系的基因有时序基因 、格局基因 、选择基因等。

一个生物体内的各个基因的作用时间常不相同，有一部分基因在复制前转录，称为早期基因；有一部分基因在复制后转录，称为晚期基因。一个基因发生突变而使几种看来没有关系的性状同时改变，这个基因就称为多效基因。

不同生物的基因数目有很大差异，已经确知 RNA 噬菌体 MS2 只有 3 个基因，而哺乳动物的每个细胞中至少有 100 万个基因。但其中极大部分为重复序列，而非重复的序列中，编码肽链的基因估计不超过 10 万个。除了单纯的重复基因外，还有一些结构和功能都相似的为数众多的基因，它们往往紧密连锁，构成所谓基因复合体或叫作基因家族。

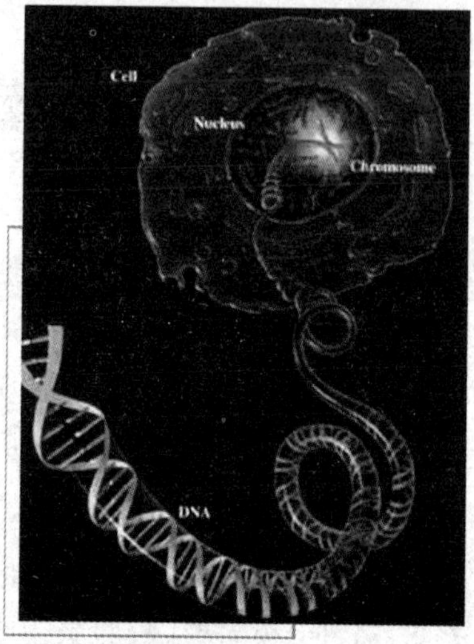

基因密码

◎ 等位基因

等位基因是位于一对同源染色体的相同位置上控制某一性状的不同形态的基因。不同的等位基因产生例如发色或血型等遗传特征的变化。等位基因控制相对性状的显隐性关系及遗传效应，可将等位基因区分为不同的类别。在个体中，等位基因的某个形式（显性的）可以比其他形式（隐性的）表达得多。等位基因是同一基因的另外版本。例如，控制卷舌运动的基因不止一个版本，这就解释了为什么一些人能够卷舌，而一些人却不能。有缺陷的基因版本与某些疾病有关，如囊性纤维化。值得注意的是，每个染色体都有一对“复制本”，一个来自父亲，一个来自母亲。这样，我们的大约 3 万个基因中的每一个都有两个“复制本”。这两个复制本可能相同（相同等位基因），也可能不同。但有些基因带却不同，说明这两个版本（即等位基因）不同。

◎ 拟等位基因

拟等位基因是表型效应相似、功能密切相关，在染色体上的位置又紧密连锁的基因。它们像是等位基因，而实际不是等位基因。

拟等位基因不仅在功能上和真正的等位基因很相似，而且在转位后能产生突变体表现型。它们不仅存在于果蝇中，而且在玉米中也已发现，特别在某些微生物中发现的频率相当高。分子遗传学对这个问题曾有很多解释，然而由于目前对真核生物的基因调节还知之不多，所以还无法充分了解。

◎复等位基因

基因如果存在多种等位基因的形式，这种现象就称为复等位基因。任何一个二倍体个体只存在复等位基中的两个不同的等位基因。

在完全显性中，显性基因中纯合子和杂合子的表型相同。在不完全显性中，杂合子的表型是显性和隐性两种纯合子的中间状态。这是由于杂合子中的一个基因无功能，而另一个基因存在剂量效应所致。完全显性中杂合体的表型是兼有显、隐两种纯合子的表型。此是由于杂合子中一对等位基因都得到表达所致。

比如决定人类 ABO 血型系统四种血型的基因 IA、IB、i，每个人只能有这三个等位基因中的任意两个。

拓展阅读

调节基因

一个基因如果对另一个或几个基因具有阻遏作用或激活作用，则称该基因为调节基因。调节基因通过对被调节的结构基因转录的控制而发挥作用。具有阻遏作用的调节基因不同于抑制基因，因为抑制基因作用于突变基因，而且本身就是突变基因；调节基因则作用于野生型基因，而且本身也是野生型基因。

基因工程的兴起

基因工程是生物工程的一个重要分支，它和细胞工程、酶工程、蛋白质工程和微生物工程共同组成了生物工程。所谓基因工程是在分子水平上对基因进行操作的复杂技术，是将外源基因通过体外重组后导入受体细胞内，使这个基因能在受体细胞内复制、转录、翻译表达的操作。它是用人为的方法将所需要的某一供体生物的遗传物质——DNA 大分子提取出来，在离体条件下用适当的工具酶进行切割后，把它与作为载体的 DNA 分子连接起来，然后与载体一起导入某一更易生长、繁殖的受体细胞中，以便让外源物质在其中"安家落户"，进行正常的复制和表达，从而获得新物种的一种崭新技术。

基因工程具有以下几个重要特征：首先，外源核酸分子在不同的寄主生物中进行繁殖，能够跨越天然物种屏障，把来自任何一种生物的基因放置到新的生物中，而这种生物可以与原来生物毫无亲缘关系，这种能力是基因工程的第一个重要特征。第二个特征是，一种确定的 DNA 小片段在新的寄主细胞中进行扩增，这样实现很少量 DNA 样品"拷贝"出大量的 DNA，而且是大量没有污染任何其他 DNA 序列的、绝对纯净的 DNA 分子群体。科学家将改变人类生殖细胞 DNA 的技术称为"基因系治疗"，通常所说的"基因工程"则是针对改变动植物生殖细胞的。无论称谓如何，改变个体生殖细胞的 DNA 都将可能使其后代发生同样的改变。

你知道吗

什么是基因疗法？

基因疗法是基于对遗传物质即核酸的应用。广义而言，即人为地、有目的地对人体 DNA 或 RNA 进行处理。实际应用上，目前主要在于三个方面：一是跟踪体内细胞，二是治疗疾病，三是预防疾病。

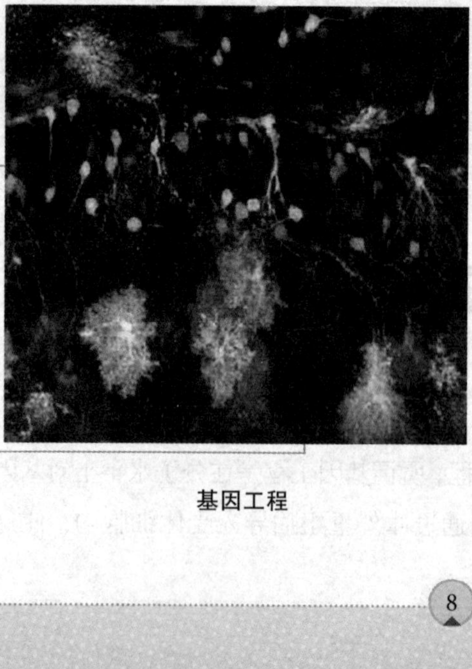

基因工程

基因工程的意义

一、遗传工程的用途主要是用来形成自然界中没有的生物新品种、新物种，进而利用这些生物生产人类所需要的其他产品。

当前，生物学中富有前瞻性的基因工程技术正以惊人的速度发展着，其中如DNA序列测定技术、基因突变技术以及基因扩增技术等一大批新技术正在逐渐走向成熟。下面我们只是简单介绍一下基因工程的基本技术的应用。

基因工程使整个生物学科学、生物技术进入了一个新的时代，传统的生物技术与基因工程的结合，焕发了青春，产生了富有无限生机的现代技术。

例如，从前用原来的生物技术要获得1毫克生长激素抑制素，需用10万只羊的下丘脑才行，其所耗费资金的数量，与航天领域中，借助于载人飞行器阿波罗宇宙飞船从月球上搬回1千克石头相当。现在，借助于基因工程，就简单多了，所需费用也小得多，只要2升细菌培养液就可以了。我们将人工合成的人生长激素抑制素基因，通过重组成为一个高效表达载体，它们在大肠杆菌中进行表达，只需要10升这种重组的大肠杆菌培养液，就可以获得了。

二、基因工程可用于医疗。

例如，许多人生病是因为体内缺少一定量的某种抗体。用传统的方法来制备抗体，时间长，耗资大，而且不够稳定。1989年，美国生物学家运用基因工程技术，将获得抗体的重链基因和轻链基因进行基因重组，并使之

广角镜

基因的神奇功效

科学研究证明，一些困扰人类健康的主要疾病，例如心脑血管疾病、糖尿病、肝病、癌症等都与基因有关。依据已经破译的基因序列和功能，找出这些基因并针对相应的病变区位进行药物筛选，甚至基于已有的基因知识来设计新药，就能有的放矢地修补或替换这些病变的基因，从而根治顽症。

转入烟草细胞，利用植物细胞组织培养技术，培养出了转基因烟草。这样，在烟草叶片上就能够产生占叶蛋白总量1.3%的抗体，这些抗体足够27万病人使用1年！

基因工程前景广阔，各国科学家都在加紧研究。我国的基因工程研究，与国外相比虽起步较晚，但也获得了较大的发展，取得了一定的科研成果。例如，已经研制成功和正在研制的基因工程产品就有几十种，有些已经投产并开始使用，如基因工程α抗干扰素、基因工程乙型肝炎疫苗等等。

总之，基因工程及应用给传统生物技术带来了彻底的革新，而且其应用范围仍然在不断加深、扩大，前景是十分诱人的。它等待着我们这一代青少年，去探索，去实践，从而取得更大的成功。

我国基因研究的成果

以破译人类基因组全部遗传信息为目的的科学研究，是当前国际生物医学界攻克的前沿课题之一。据介绍，这项研究中最受关注的是对人类疾病相关基因和具有重要生物学功能基因的克隆分离和鉴定，以此获得对相关疾病进行基因治疗的可能性和生产生物制品的权利。

人类基因项目是国家“863”高科技计划的重要组成部分。在医学上，人类基因与人类的疾病有相关性，一旦弄清某基因与某疾病的具体关系，人们就可以制造出该疾病的基因药物，对人类健康长寿产生巨大影响。据介绍，人类基因样本总数约10万条，现已找到并完成测序的约有8000条。

近些年我国对人类基因组研究十分重视，在国家自然科学基金、“863计划”以及地方政府等多渠道的经费资助下，已在北京、上海两地建立了具备先进科研条件的国家级基因研究中心。同时，科技人员紧跟世界新技术的发展，在基因工程研究的关键技术和成果产业化方面均有突破性的进展。我国人类基因组研究已走在世界先进行列，某些基因工程药物也开始进入应用阶段。目前，我国在蛋白基因的突变研究、血液病的基因治疗、食管癌研究、分子进化理论、白血病相关基因的结构研究等项目的基础性研究上，有的成果已处于国际领先水平，有的已形成了自己的技术体系。而乙肝疫苗、重组 α 型干扰素、重组人红细胞生成素，以及转基因动物的药物生产器等 10 多个基因工程药物，均已进入产业化阶段。

知识小链接

我国第一个基因药物

1989 年，中国批准了第一个在中国生产的基因工程药物——重组人干扰素，标志着中国生产的基因工程药物实现了零的突破。重组人干扰素是世界上第一个采用中国人基因克隆和表达的基因工程药物，也是中国自主研制成功的拥有自主知识产权的基因工程一类新药。

基因突变

由于 DNA 分子中发生碱基对的增添、缺失或改变，而引起的基因结构的改变，就叫作基因突变。

一个基因内部可以遗传的结构的改变，又称为点突变，通常可引起一定的表型变化 。广义的突变包括染色体畸变，狭义的突变专指点突变。实际上畸变和点突变的界限并不明确，特别是微细的畸变更是如此。野生型基因通过突变成为突变型基因。突

拓展阅读

先天愚型病

患儿具有特殊的颅面部畸形，头颅小而圆，枕骨扁平，眼小而眼距过宽，两眼外侧高而内侧低，脸圆，鼻扁平，口半张，舌常伸出口外，舌有龟裂，低耳位，常为通贯手，发育迟缓，智力低下，平均寿命很短，大约到 10 岁时已有三分之一患者死亡。

变型一词既指突变基因，也指具有这一突变基因的个体。

基因突变通常发生在 DNA 复制时期，即细胞分裂间期，包括有丝分裂间期和减数分裂间期；同时，基因突变和脱氧核糖核酸的复制、DNA 损伤修复、癌变和衰老都有关系，基因突变也是生物进化的重要因素之一，所以，研究基因突变除了本身的理论意义以外，还有广泛的生物学意义。基因突变为遗传学研究提供突变型，为育种工作提供素材，所以它还有科学研究和生产上的实际意义。

◎基因突变的特性

不论是真核生物还是原核生物的突变，也不论是什么类型的突变，都具有随机性、低频性和可逆性等共同的特性。

1. 随机性。指基因突变的发生在时间上、在发生这一突变的个体上、在发生突变的基因上，都是随机的。在高等植物中所发现的无数突变都说明基因突变的随机性。在细菌中则情况远为复杂。

2. 低频性。突变是极为稀有的，基因以极低的突变率(生物界总体平均为 0.0001%)发生突变。

> **拓展阅读**
>
> **真核生物**
>
> 真核生物是所有单细胞或多细胞的、其细胞具有细胞核的生物的总称，它包括所有动物、植物、真菌和其他具有由膜包裹着的复杂亚细胞结构的生物。真核生物与原核生物的根本性区别是前者的细胞内含有细胞核，因此以真核来命名这一类细胞。许多真核细胞中还含有其他细胞器，如线粒体、叶绿体、高尔基体等。

3. 可逆性。突变基因又可以通过突变而成为野生型基因，这一过程称为回复突变 。正向突变率总是高于回复突变率，一个突变基因内部只有一个位置上的结构改变才能使它恢复原状。

4. 少利多害性。一般基因突变会产生不利的影响，被淘汰或死亡，但有极少数会使物种增强适应性。

5. 不定向性。例如控制黑毛 A 基因可能突变为控制白毛的 a + 或控制绿毛的 a - 。

◎基因突变的种类

基因突变可以是自发的也可以是诱发的。自发产生的基因突变型和诱发产生的基因突变型之间没有本质上的不同，基因突变诱变剂的作用也只是提高了基因的突变率。

按照表型效应，突变型可以区分为形态突变型、生化突变型以及致死突变型等。这样的区分并不涉及突变的本质，而且也不严格。因为形态的突变和致死的突变必然有它们的生物化学基础，所以严格地讲，一切突变型都是生物化学突变型。按照基因结构改变的类型，突变可分为碱基置换、移码、缺失和插入四种。按照遗传信息的改变方式，突变又可分为错义、无义两类。

对于人类来讲，基因突变可以是有用的，也可以是有害的。

1. 诱变育种。通过诱发使生物产生大量而多样的基因突变，从而可以根据需要选育出优良品种，这是基因突变有用的方面。在化学诱变剂发现以前，植物育种工作主要采用辐射作为诱变剂；化学诱变剂发现以后，诱变手段便大大地增加了。在微生物的诱变育种工作中，由于容易在短时间中处理大量的个体，所以一般只是要求诱变剂的作用强，也就是说要求它能产生大量的突变。对于难以在短时间内处理大量个体的高等植物来讲，则要求诱变剂的作用较强、效率较高并较为专一。所谓效率较高便是产生更多的基因突变和较少的染色体畸变。所谓专一便是产生特定类型的突变型。以色列培育“彩色青椒”关键技术就是把青椒种子送上太空，使其在完全失重状态下发生基因突变来育种。

防治虫害

2. 害虫防治。用诱变剂处理雄性害虫，使之发生致死的或条件致死的突变，然后释放这些雄性害虫，便能使它们和野生的雄性昆虫相竞争而产生致死的或不育的子代。

3. 诱变物质的检测。多数突变对于生物本身来讲是有害的，人类的癌症的发生也和基因突变有密切的关系，因此，环境中的诱变物质的检测已成为公共卫生的一项重要任务。

从基因突变的性质来看，检测方法分为显性突变法、隐性突变法和回复突变法三类。

除了用来检测基因突变的许多方法以外，还有许多用来检测染色体畸变和姐妹染色单体互换的测试系统。当然对于药物的致癌活性的最可靠的测定是哺乳动物体内致癌情况的检测。但是利用微生物中诱发回复突变这一指标作为致癌物质的初步筛选，仍具有重要的实际意义。

基因重组

基因重组是指由于不同 DNA 链的断裂和连接而产生 DNA 片段的交换和重新组合，形成新 DNA 分子的过程。包括同源重组、位点特异重组、转座作用和异常重组四大类。是生物遗传变异的一种机制。

原核生物的基因重组有转化、转导和接合等方式。受体细胞直接吸收来自供体细胞的 DNA 片段，并使它整合到自己的基因组中，从而获得供体细胞部分遗传性状的现象，称为转化。通过噬菌体媒介，将供体细胞 DNA 片段带进受体细胞中，使后者获得前者的部分遗传性状的现象，称为转导。自然界中转导现象较普遍，可能是低等生物进化过程中产生新的基因组合的一种基本方式。供体菌和受体菌的完整细胞经直接接触而传递大段 DNA 遗传信息的现象，称为接合。细菌和放线菌均有接合现象。高等动植物中的基因重组通常在有性生殖过程中进行，即在性细胞成熟时发生减数分裂时，同源染色体的部分遗传物质可实现交换，导致基因重组。基因重组是杂交育种的生物学基础，对生物圈的繁荣昌盛起重要作用，也是基因工程中的关键性内容。基因工程的特点是基因体外重组，即在离体条件下对 DNA 分子切割并将其与载体 DNA 分子连接，得到重组 DNA。1977 年，美国科学家首次用重组的人生长激素释放抑制因子基因生产人生长激素释放抑制因子获得成功。此后，运用基因重组技术生产医药上重要的药物以及在农牧业育种等领域中取得了很多成果，预计 21 世纪在生产治疗心血管病、镇痛和清除血栓等药物方面，基因重组技术将发挥更大的作用。

从广义上讲，任何造成基因型变化的基因交流过程，都叫作基因重组。而狭义的基因重组仅指涉及 DNA 分子内“断裂—复合”的基因交流。真核生物在减数分裂时，通过非同源染色体的自由组合形成各种不同的配子，雌雄配子结合产生基因型各不相同的后代，这种重组过程虽然也导致基因型的变化，但是由于它不涉及 DNA 分子内的“断裂—复合”，因此，不包括在狭义的基因重组的范围之内。

根据重组的机制和对蛋白质因子的要求不同，可以将狭义的基因重组分为三种类型，即同源重组、位点特异性重组和异常重组。同源重组的发生依赖于大范围的 DNA 同源序列的联会，在重组过程中，两条染色体或 DNA 分子相互交换对等的部分。真核生物的非姊妹染色单体的交换、细菌以及某些低等真核生物的转化、细菌的转导接合、噬菌体的重组等都属于这种类型。大肠杆菌的同源重组需要 RecA 蛋白，类似的蛋白质也存在于其他细菌中。位点特异性重组发生在两个 DNA 分子的特异位点上。它的发生依赖于

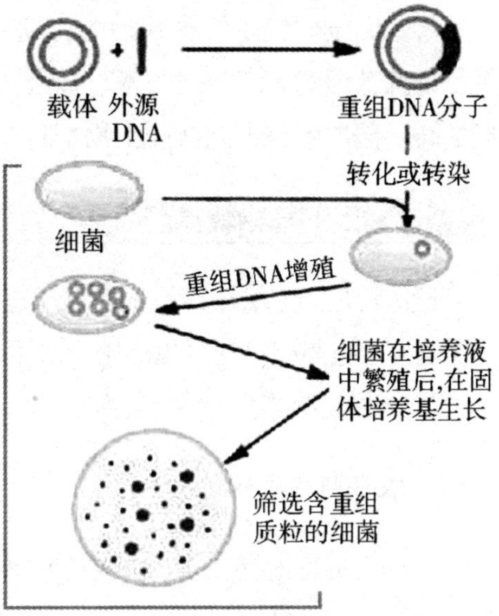

基因重组

小范围的 DNA 同源序列的联会，重组也只限于这个小范围。两个 DNA 分子并不交换对等的部分，有时是一个 DNA 分子整合到另一个 DNA 分子中。这种重组不需要 RecA 蛋白的参与。异常重组发生在顺序不相同的 DNA 分子间，在形成重组分子时往往依赖于 DNA 的复制而完成重组过程。例如，在转座过程中，转座因子从染色体的一个区段转移到另一个区段，或从一条染色体转移到另一条染色体。这种类型的重组也不需要 RecA 蛋白的参与。

转基因技术

将人工分离和修饰过的基因导入到生物体基因组中，由于导入基因的表达，引起生物体的性状的可遗传的修饰，这一技术称之为转基因技术。人们常说的“遗传工程”、“基因工程”、“遗传转化”均为转基因的同义词。经转基因技术修饰的生物体在媒体上常被称为“遗传修饰过的生物体”。

转基因技术包括外源基因的克隆、表达载体、受体细胞以及转基因途径等，外源基因的人工合成技术、基因调控网络的人工设计发展，导致了 21 世纪的转基因技术将走向合成生物学时代。

◎常用的植物转基因方法

遗传转化的方法按其是否需要通过组织培养、再生植株可分成两大类：第一类需要通过组织培养再生植株，常用的方法有农杆菌介导转化法、基因枪法；另一类方法不需要通过组织培养，目前比较成熟的主要有花粉管通道法。

1. 农杆菌介导转化法

农杆菌是普遍存在于土壤中的一种革兰阴性细菌，它能在自然条件下趋化性地感染大多数双子叶植物的受伤部位，并诱导产生冠瘿瘤或发状根。根癌农杆菌和发根农杆菌的细胞中分别含有 Ti 质粒和 Ri 质粒，其上有一段 T－DNA，农杆菌通过侵染植物伤口进入细胞后，可将 T－DNA 插入到植物基因组中。因此，农杆菌是一种天然的植物遗传转化体系。人们将目的基因插入到经过改造的 T－DNA 区，借助农杆菌的感染实现外源基因向植物细胞的转移与整合，然后通过细胞和组织培养技术，再生出转基因植株。

农杆菌介导法起初只被用于双子叶植物中，近年来，农杆菌介导转化在一些单子叶植物（尤其是水稻）中也得到了广泛应用。

2. 基因枪介导转化法

利用火药爆炸或高压气体加速（这一加速设备被称为基因枪），将包裹了带目的基因的 DNA 溶液的高速微弹直接送入完整的植物组织和细胞中，然后通过细胞和组织培养技术，再生出植株，选出其中转基因阳性植株即为转基因植株。与农杆菌转化相比，基因枪法转化的一个主要优点是不受受体植物范围的限制，而且其载体质粒的构建也相对简单，因此也是目前转基因研究中应用较为广泛的一种方法。

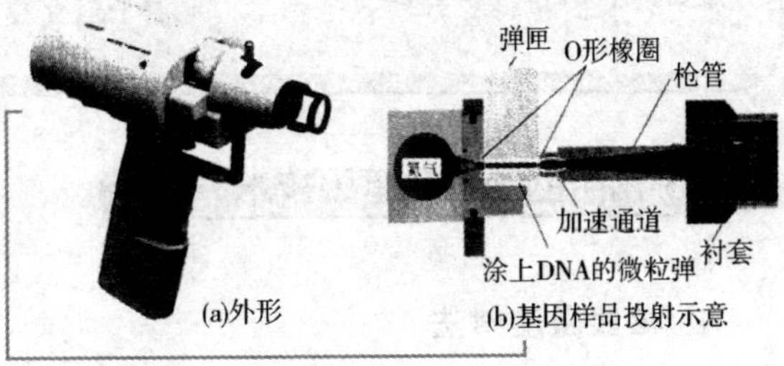

基因枪

3. 花粉管通道法

在授粉后向子房注射合目的基因的 DNA 溶液，利用植物在开花、受精过程中形成的花粉管通道，将外源 DNA 导入受精卵细胞，并进一步地被整合到受体细胞的基因组中，随着受精卵的发育而成为带转基因的新个体。该方法于 20 世纪 80 年代初期由我国学者周光宇提出，我国目前推广面积最大的转基因抗虫棉就是用花粉管通道法培育出来的。该法的最大优点是不依赖组织培养人工再生植株，技术简单，不需要装备精良的实验室，常规育种工作者易于掌握。

基本小知识

细 胞

细胞是生命活动的基本单位。已知除病毒之外的所有生物均由细胞所组成，但病毒生命活动也必须在细胞中才能体现。一般来说，细菌等绝大部分微生物以及原生动物由一个细胞组成，即单细胞生物；高等植物与高等动物则是多细胞生物。细胞可分为两类：原核细胞、真核细胞。但也有人提出应分为三类，即把原属于原核细胞的古核细胞独立出来作为与之并列的一类。研究细胞的学科称为细胞生物学。世界上现存最大的细胞为鸵鸟的卵子。

◎ 常用的动物转基因技术

1. 核显微注射法

核显微注射法是动物转基因技术中最常用的方法。它是在显微镜下将外源基因注射到受精卵细胞的原核内，注射的外源基因与胚胎基因组融合，然后进行体外培养，最后移植到受体母畜子宫内发育，这样分娩的动物体内的每一个细胞都含有新的DNA片段。这种方法的缺点是效率低、位置效应(外源基因插入位点随机性)造成的表达结果的不确定性、动物利用率低等，在反刍动物还存在着繁殖周期长、有较强的时间限制、需要大量的供体和受体动物等特点。

趣味点击

显 微 镜

显微镜是由一个透镜或几个透镜的组合构成的一种光学仪器，是人类进入原子时代的标志。主要用于放大微小物体成为人的肉眼所能看到的形态。显微镜分光学显微镜和电子显微镜。光学显微镜是在1590年由荷兰的杨森父子所首创。现在的光学显微镜可把物体放大1600倍，分辨的最小极限达0.1微米

2. 精子介导的基因转移

精子介导的基因转移是把精子做适当处理后，使其具有携带外源基因的能力。然后，用携带有外源基因的精子给发情母畜授精。在母畜所生的后代中，就有一定比例的动物是整合外源基因的转基因动物。同显微注射方法相比，精子介导的基因转移有两个优点：首先是它的成本很低，只有显微注射法成本的1/10。其次，由于它不涉及对动物进行处理，因此，可以用生产牛群或羊群进行实验，以保证每次实验都能够获得成功。

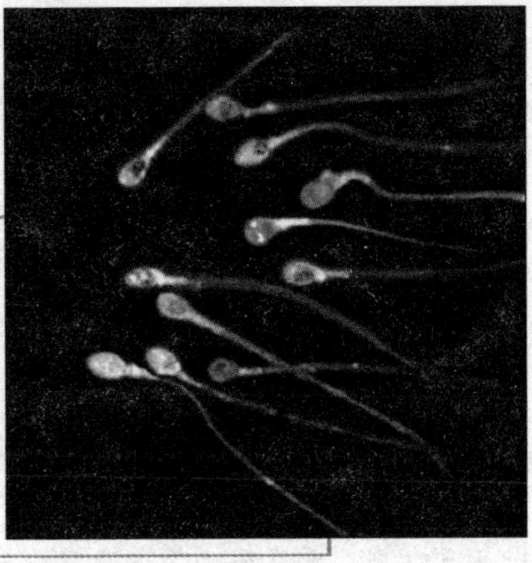

精子介导

3. 核移植转基因法

体细胞核移植是近年来新出现的一种转基因技术。该方法是先把外源基因与供体细胞在培养基中培养，使外源基因整合到供体细胞上，然后将供体细胞的细胞核移植到受体细胞——去核卵母细胞，构成重建胚，再把其移植到假孕母体，待其妊娠、分娩，便可得到转基因的克隆动物。

（1）显微注射法

在显微镜下，用一根极细的玻璃针（直径 1 ~ 2 微米）直接将 DNA 注射到胚胎的细胞核内，再把注射过 DNA 的胚胎移植到动物体内，使之发育成正常的幼仔。用这种方法生产的动物约有 1/10 是整合外源基因的转基因动物。

（2）体细胞核移植方法

先在体外培养的体细胞中进行基因导入，筛选获得带转基因的细胞。然后，将带转基因的体细胞核移植到去掉细胞核的卵细胞中，生产重构胚胎。重构胚胎经移植到母体中，产生的仔畜百分之百是转基因动物。

◎转基因食品前景乐观

虽然对于转基因食品还存在这样那样的争论，但它的优势还是表现得越来越显著。在美国得到普遍种植的转基因玉米中色氨酸含量提高了20%。色氨酸是人体必需的氨基酸，无法自己合成，只能从外界摄取，一般植物性食品中色氨酸含量很低甚至没有，只能靠动物性食物中获取。转基因玉米的出现，对于素食主义者而言，无疑是个喜讯。转基因油菜，不饱和脂肪酸的含量大增，对心血管有利。转基因工程牛奶，增加了乳铁蛋白、抗病因子的含量，降低了脂肪含量。

广角镜

不饱和脂肪酸

不饱和脂肪酸是构成体内脂肪的一种脂肪酸，人体必需的脂肪酸。不饱和脂肪酸根据双键个数的不同，分为单不饱和脂肪酸和多不饱和脂肪酸两种。食物脂肪中，单不饱和脂肪酸有油酸，多不饱和脂肪酸有亚油酸、亚麻酸、花生四烯酸等。根据双键的位置及功能又将多不饱和脂肪酸分为ω－6系列和ω－3系列。亚油酸和花生四烯酸属ω－6系列，亚麻酸、DHA、EPA属ω－3系列。

西方发达国家已充分认识到转基因食品的发展前景，并注入大量资金。尽管大多数英国人反对转基因食品，但该国超过7000种的婴儿食品、巧克力、面包、香肠等日用品，可能含有经过基因改造的大豆副产品，而且英国政府对转基因食品的研究非常支持，前首相布莱尔就是转基因食品的推崇者。

转基因蔬菜

在我国，人多地少状况突出，基因工程是解决粮食产量、提高粮食质量的重要途径。近年来，我国转基因食品的研究有了长足的进步，目前的研究开发水平仅次于美国和加拿大。随着转基因食品商业化的步伐不断加快，转基因食品必将成为人们餐桌上的美味佳肴。

拓展阅读

转基因植物

转基因植物是基因组中含有外源基因的植物。它可通过原生质体融合、细胞重组、遗传物质转移、染色体工程技术获得，有可能改变植物的某些遗传特性，培育高产、优质、抗病毒、抗虫、抗寒、抗旱、抗涝、抗盐碱、抗除草剂等的作物新品种。

基因工程及其应用

基因工程说得简单一点，实际上就是基因拼接，就是把两个 DNA 分子经过切割和重组重新拼接在一起，变成一个杂合的 DNA 分子，这个杂合的 DNA 分子，再转回到生物的 DNA 分子里面去，就可以变成一个新的生物。第一个基因工程的药物就是胰岛素，可以把人的胰岛素的基因提取出来，接在一个小的植类的载体上，得到一个重组的植类，再转化到大肠杆菌。细菌并不认为它是人的基因就不管它，并会当成自己的基因进行胰岛素的合成，每一个细胞就相当于生产胰岛素的工厂，实际上我们可

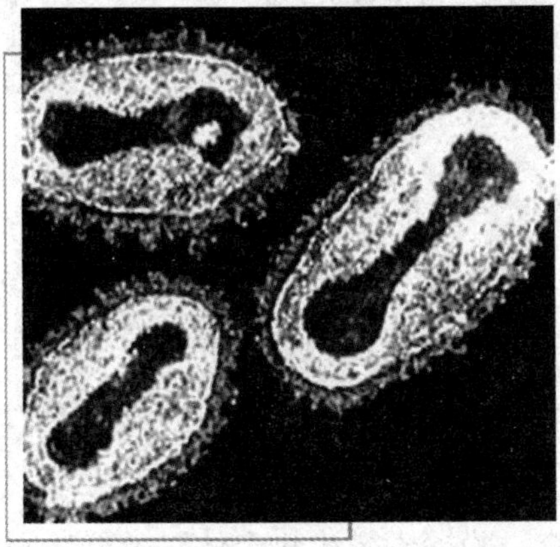

天花病毒

以通过改变胰岛素基因前面的调控序列，让细菌的细胞停止合成其他的蛋白质，只合成胰岛素。是把萤火虫的发光基因转移到烟草中，就可以发光；把人的生长基因转移到老鼠体内，就可以比普通老鼠大好几倍。我们完全可以打破界限，把人的基因转移到细菌基因里面，把细菌的基因转移到人的基因里面，把动物的基因转移到植物的基因里面。只要把 DNA 分子拿出来接在一起，就可以转移到另外一个细胞里面去，这就是所谓的基因工程。

基因工程使新一代微生物具备原先不具备的能力。比如，通过改造让大肠杆菌可以生产蜘蛛丝蛋白，过深加工可以制作防弹衣；再比如，让某种培育简单的细菌可以生产胰岛素，或者抗生素；等等。甚至可以将很多不可思议的功能改造移植到一些常见微生物细胞中。

拓展阅读

抗 生 素

抗生素是由微生物（包括细菌、真菌、放线菌属）或高等动植物在生活过程中所产生的具有抗病原体或其他活性的一类次级代谢产物，能干扰其他生活细胞发育功能的化学物质。现临床常用的抗生素有微生物培养液提取物以及用化学方法合成或半合成的化合物。目前已知天然抗生素不下万种。

以人类基因组计划为代表的生物体基因组研究成为整个生命科学研究的前沿，而微生物基因组研究又是其中的重要分支。世界权威性杂志《科学》曾将微生物基因组研究评为世界重大科学进展之一。通过基因组研究揭示微生物的遗传机制，发现重要的功能基因，并在此基础上发展疫苗，开发新型抗病毒、抗细菌、抗真菌药物，将对有效地控制新老传染病的流行、促进医疗健康事业的发展产生巨大影响。牛痘疫苗的应用使人类历史上首次成功消灭了一种疾病——天花，而目前的基因工程疫苗也为疾病的有效预防发挥了巨大作用，如乙肝病毒的预防等。

从分子水平上对微生物进行基因组研究，为探索微生物个体以及群体间作用的奥秘提供了新的线索和思路。为了充分开发微生物（特别是细菌）资源，1994 年美国发起了微生物基因组研究计划（MGP）。通过研究完整的基因组信息开发和利用微生物重要的功能基因，不仅能够加深对微生物的致病机制、重要代谢和调控机制的认识，更能在此基础上发展一系列与我们的生活密切相关的基因工程产品，包括接种用的疫苗、治疗用的新药、诊断试剂和应用于工农业生产的各种酶制剂等等。通过基因工程方法的改造，促进新型菌株的构建和传统菌株的改造，全面促进微生物工业时代的来临。

◎我国微生物基因组研究已经占据一定的国际地位

由于微生物相对于其他生物体而言结构简单、基因组较小，因此研究周期短、进展迅速。世界各国普遍参与并关注该领域的发展。目前病毒基因组研究已全面进入功能基因的研究阶段；细菌基因组研究全面展开，在大量测序工作进行的同时，功能基因组的研究也已在进行之中；部分真菌和小型原虫的基因组研究也逐渐展开。从 1995 年国际上第一个细菌流感嗜血杆菌全基因组测定完成，在随后的几年中，微生物（这里包括细菌和真菌）的全基因组序列测定进展很快，仅 2000 年一年就公布了 15 种微生物的完整序列。截止到现在，总共完成了微生物基因组研究 40 多项，基因组大小从几百 kb（千碱基对）到十几个 Mb（兆碱基对），还有 160 多种微生物的测序工作正在进行之中。

鉴于微生物在多领域发展中具有重要价值，因此国际上许多国家纷纷制订了微生物基因组研究计划，对微生物基因资源的开发展开了激烈竞争。发达国家和一些发展中国家首先对人类重要病原微生物进行了大规模的序列测定，随后又对有益于能源生产、改善环境以及工业加工的细菌开展了基因组序列测定工作。

在此期间，我们国家在侯云德院士、闻玉梅院士等老一辈科学家的倡导下，也及时开展了微生物基因组工程的研究。在强伯勤院士的大力支持下，由金奇教授主持完成的痢疾杆菌福氏 2a301 株的全基因组序列测定，是我国第一个向国际上发布并率先完成的微生物基因组项目。在陈竺院士和杨焕明教授等领导下的病原微生物钩端螺旋体、滕冲嗜热菌及黄单胞菌等的全基因组序列测定也先后完成，后续的功能基因组研究正在进展之中。目前即将完成的有工业菌株氧化葡萄糖酸杆菌、青霉菌及病原菌表皮葡萄球菌等。将要启动的新一批微生物基因组项目包括人类病原微生物、工业微生物、环境保护微生物等等。这标志着我国在微生物基因组研究领域中已经占据了一定的国际地位，同时也为发展我国有自主知识产权的微生物基因资源的开发和产业化奠定了基础。

基本小知识

青 霉 素

青霉素又被称为青霉素G、peillin G、盘尼西林、配尼西林、青霉素钠、苄青霉素钠、青霉素钾、苄青霉素钾。青霉素是抗菌素的一种，是指从青霉菌培养液中提制的分子中含有青霉烷、能破坏细菌的细胞壁并在细菌细胞的繁殖期起杀菌作用的一类抗生素，是第一种能够治疗人类疾病的抗生素。青霉素类抗生素是β－内酰胺类中一大类抗生素的总称。

◎ 人类病原微生物基因组研究设计新型疫苗，开发新型抗微生物药物

由于新老传染病的流行和再现，病原微生物的变异和致病机制更加复杂和多样化，因此，迫切需要我们从更深层次去了解和研究它们，而基因组研究则从分子水平上奠定了坚实的基础。在遗传信息解析的前提下，为临床治疗寻找更灵敏特异的诊断分型手段、发展高效的基因工程疫苗及筛选新型药物提供了线索和保障。

科学家们对大量基因组资料进行分析后发现，在微生物的染色体上，一些功能相近的基因毗邻分布形成“小岛”样的结构。这些岛包括“毒力岛”、“代谢岛”，甚至可能还存在着“分泌岛”、“调控岛”，等等。毒力岛的发现和研究使人类在认识细菌的致病性方面更进了一步。

有科学家认为，人类病原微生物基因组研究最重要的价值就在于其对疫苗的设计以及新型抗微生物药物的开发所产生的巨大推动。从反向疫苗学的角度首先对全基因组序列进行生物信息学分析，预测开放读码框架，发现新

的外膜蛋白基因，筛选表达保护性抗原，以制备高效疫苗。这种思路已在衣原体的研究中取得成功。在一系列研究中发展起来的新技术和新方法，对于促进功能基因的发现和重要功能基因的研究显得尤为重要。通过这些方法的应用发现了一系列与毒力、耐药和定居等相关的基因，并且可以在此基础上深入研究病原体与宿主的相互作用。

大肠杆菌作为人体正常菌群中重要的一员，同时也被作为基因组研究的模式生物，较早完成了其基因组序列的测定。而致病性大肠杆菌，如大肠杆菌 O157 的基因组研究也已完成，将非致病性大肠杆菌和致病性大肠杆菌进行序列的比较，就可以得到许多有价值的资料，例如：与致病性相关的基因，以及一些保守性的共有基因等。科学家对与慢性胃炎和胃癌可能相关的病原菌幽门螺杆菌进行的研究发现，该菌具有特殊的基因使之能在胃酸存在的条件下生存，从而被人体长期携带，在该研究的基础上可以探讨其与癌症发生相关的分子机制。引起沙眼的沙眼衣原体以及导致性病的梅毒螺旋体等大量疾病的致病微生物正处于研究阶段。科学家们希望发现病原生物致病相关的关键基因或基因群，从而有针对性地提出更为有效的防治对策；而微生物在宿主组织中生长所需要的物质合成、分解代谢以及调节相关基因都可以作为抗微生物药物设计的候选靶位。微生物完整的基因组序列提供了丰富的信息资源，为发现新的、更有效的药物靶位和保护性抗原提供了最大的可能。

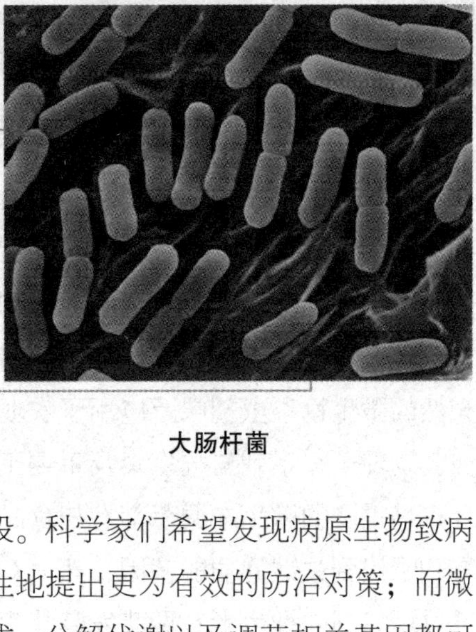

大肠杆菌

大量基因组序列的积累，促进了比较基因组学的发展。以微生物序列信息为杠杆，加快了其他种类生物测序，同时也促进了微生物本身独特核苷酸序列的发现，为临床治疗提供更灵敏特异的诊断分型方法奠定了基础；微生物与人类相似的致病相关蛋白的发现，也为人类遗传病的研究提供了线索。

基本小知识

肠埃希氏菌

肠埃希氏菌通常称为大肠杆菌，是 Escherich 在 1885 年发现的，在相当长的一段时间内，一直被当作正常肠道菌群的组成部分，认为是非致病菌。直到 20 世纪中叶，才认识到一些特殊血清型的大肠杆菌对人和动物有病原性，尤其对婴儿和幼畜（禽），常引起严重腹泻和败血症。它是一种普通的原核生物，根据不同的生物学特性将致病性大肠杆菌分为五类：致病性大肠杆菌、肠产毒性大肠杆菌、肠侵袭性大肠杆菌、肠出血性大肠杆菌、肠黏附性大肠杆菌。

◎工业微生物基因组研究不断发现新的特殊酶基因及功能基因

工业微生物涉及食品、制药、冶金、采矿、石油、皮革、轻化工等多种行业。通过微生物发酵途径生产抗生素、丁醇、维生素 C 以及一些风味食品的制备等；某些特殊微生物酶参与皮革脱毛、冶金、采油采矿等生产过程，甚至直接作为洗衣粉等的添加剂；另外还有一些微生物的代谢产物可以作为天然的微生物杀虫剂广泛应用于农业生产。通过对枯草芽孢杆菌的基因组研究，发现了一系列与抗生素及重要工业用酶的产生相关的基因。乳酸杆菌作为一种重要的微生态调节剂参与食品发酵过程，对其进行的基因组学研究将有利于找到关键的功能基因，然后对菌株加以改造，使其更适于工业化的生产过程。国内维生素 C 两步发酵法生产过程中的关键菌株氧化葡萄糖酸杆菌的基因组研究，将在基因组测序完成的前提下找到与维生素 C 生产相关的重要代谢功能基因，经基因工程改造，实现新的工程菌株的构建，简化生产步骤，降低生产成本，继而实现经济效益的大幅度提升。对工业微生物开展的基因组研究，不断发现新的特殊酶基因及重要代谢过程和代谢产物生成相关的功能基因，并将其应用于生产以及传统工业、工艺的改造，同时推动现代生物技术的迅速发展。

◎ 农业微生物基因组研究认清致病机制，发展控制病害的新对策

据资料统计，全球每年因病害导致的农作物减产可高达20%，其中植物的细菌性病害最为严重。除了培植在遗传上对病害有抗性的品种以及加强园艺管理外，似乎没有更好的病害防治策略。因此，积极开展某些植物致病微生物的基因组研究，认清其致病机制并由此发展控制病害的新对策显得十分紧迫。

经济作物柑橘的致病菌是国际上第一个发表了全序列的植物致病微生物。还有一些在分类学、生理学和经济价值上非常重要的农业微生物，例如：胡萝卜欧文菌、植物致病性假单胞菌以及我国正在开展的黄单胞菌的研究等正在进行之中。植物固氮根瘤菌的全序列也测定完成。借鉴已经较为成熟的从人类病原微生物的基因组学信息筛选治疗性药物的方案，可以尝试性地应用到植物病原体上。特别是像柑橘的致病菌这种需要昆虫媒介才能完成生活周期的种类，除了杀虫剂能阻断其生活周期以外，只能通过遗传学研究找到毒力相关因子，寻找抗性靶位以发展更有效的控制对策。固氮菌全部遗传信息的解析对于开发利用其固氮关键基因提高农作物的产量和质量也具有重要的意义。

◎ 环境保护微生物基因组研究找到关键基因，降解不同污染物

在全面推进经济发展的同时，滥用资源、破坏环境的现象也日益严重。面对全球环境的一再恶化，提倡环保成为全世界人民的共同呼声。而生物除污在环境污染治理中潜力巨大，微生物参与治理则是生物除污的主流。微生物可降解塑料、甲苯等有机物，还能处理工业废水中的磷酸盐、含硫废气以及进行土壤的改良等。微生物能够分解纤维素等

拓展阅读

甲　苯

甲苯（分子式C_7H_8），是一种无色，带特殊芳香味的易挥发液体。甲苯是芳香族碳氢化合物的一员，它的很多性质与苯很相像，在现今实际应用中常常替代有相当毒性的苯作为有机溶剂使用，还是一种常用的化工原料。

物质，并促进资源的再生利用。对这些微生物开展的基因组研究，在深入了解特殊代谢过程的遗传背景的前提下，有选择性地加以利用，例如找到不同污染物降解的关键基因，将其在某一菌株中组合，构建高效能的基因工程菌株，一菌多用，可同时降解不同的环境污染物质，极大地发挥其改善环境、排除污染的潜力。美国基因组研究所结合生物芯片方法对微生物进行了特殊条件下的表达谱的研究，以期找到其降解有机物的关键基因，为开发及利用确定目标。

◎ 极端环境微生物基因组研究深入认识生命本质，应用潜力极大

在极端环境下能够生长的微生物称为极端微生物，又称嗜极菌。嗜极菌对极端环境具有很强的适应性，极端微生物基因组的研究有助于从分子水平研究极限条件下微生物的适应性，加深对生命本质的认识。

有一种嗜极菌，它暴露于数千倍强度的辐射下仍能存活，而人类一个剂量强度下就会死亡。该细菌的染色体在接受几百万拉德 α 射线后粉碎为数百个片段，但能在一天内将其恢复。研究其 DNA 修复机制对于发展在辐射污染区进行环境的生物治理非常有意义。开发利用嗜极菌的极限特性可以突破当前生物技术领域中的一些局限，建立新的技术手段，使环境、能源、农业、健康、轻化工等领域的生物技术能力发生革命。来自极端微生物的极端酶，可在极端环境下行使功能，将极大地拓展酶的应用空间，是建立高效率、低成本生物技术加工过程的基础，例如 PCR 技术中的 TagDNA 聚合酶、洗涤剂中的碱性酶等都具有代表意义。极端微生物的研究与应用将是取得现代生物技术优势的重要途径，其在新酶、新药开发及环境整治方面应用潜力极大。

基本小知识

胰 岛 素

胰岛素是由胰岛 β 细胞受内源性或外源性物质如葡萄糖、乳糖、核糖、精氨酸、胰高血糖素等的刺激而分泌的一种蛋白质激素。胰岛素是机体内唯一可降低血糖的激素，同时可促进糖原、脂肪、蛋白质合成。外源性胰岛素主要用于糖尿病治疗。

◎古生菌基因组工程——一门新兴学科

古生菌作为分类上的一个特殊类群，由于其在进化研究中的特殊地位，近年来受到科学家们的格外关注。1996 年，詹氏甲烷球菌成为第一个完成全基因组测序的古生菌，其基因组序列分析发现，甲烷球菌不像任何已知细菌。这一现象支持和肯定了古生菌的确是一个独立的域，也进一步支持了三域（细菌、古生菌和真核生物）划分的正确性。古生菌的大部分分支为嗜热菌，其嗜热酶多数可应用于工业生产中的生物催化。古生菌的研究还是一门新兴学科，一些基本的生物学知识还非常贫乏。对古生菌开展基因组研究，将从遗传基础方面加深我们对古生菌的认识，以便于更好地开发和利用。

你知道吗

细菌是谁最先发现的？

细菌最早是被荷兰人列文虎克在一位从未刷过牙的老人的牙垢上发现的，但那时的人们认为细菌是自然产生的。直到后来，法国微生物学家、化学家巴斯德用鹅颈瓶实验指出，细菌是由空气中已有细菌产生的，而不是自行产生，并发明了“巴氏消毒法”，被后人誉为“微生物之父”。

人类基因探秘

在21世纪的今天，生命科学日新月异，人们对复杂生命现象的认识日益深入，对自身起源的探索也取得突破性进展。值得一提的是，分子生物学的发展为这种探索提供了一种非常强大的工具。

人从哪里来？是谁在谱写生命的旋律？遗传基因在哪里？人有多少条染色体？遗传信息是如何传递的？幽灵走上餐桌了吗？破译生命遗传的密码，解读生命的“天书”，长生不老不再是梦……让我们一起去探索人类自身的秘密。

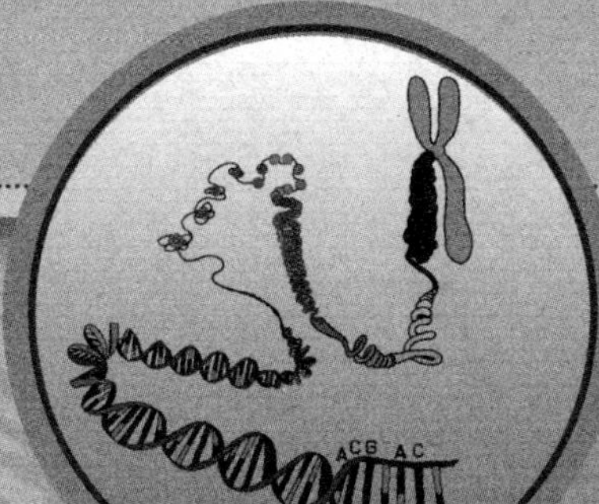

出生之谜

在孩子们的心中或许一直有这样一个疑问“我是从哪里来的?”这就是我们所说的出生之谜。其实在当今的社会里，这已经没有什么可避讳的了，人类的出生是一个很自然的生理过程。

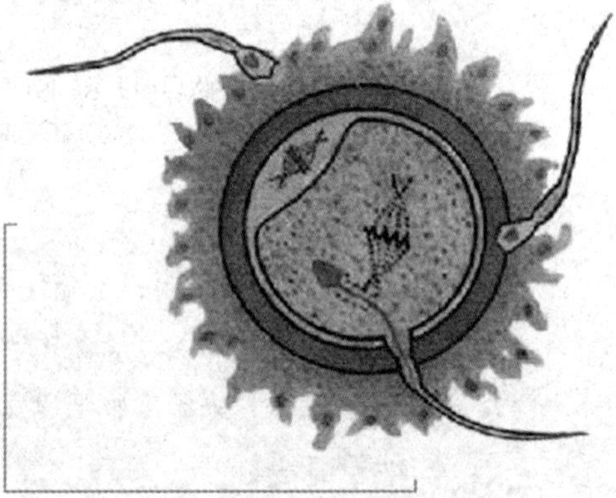

受精卵

当父母成家，一个很严峻的问题就是生儿育女、传宗接代。那么人究竟是怎么来到这个世上的呢?

父亲的精子进入到母亲的卵细胞时，就会形成一个合子，这个合子就是受精卵，受精卵的形成，完成了有性繁殖的第一步，也正是染色体重组恢复 23 对，决定性别和新生命的开端。

接下来，受精卵一边进行卵裂，一边沿输卵管向子宫方向下行，2 ~3 天可到达子宫。那时的胚胎是由许多细胞构成的中空的小球体，称为胚泡。

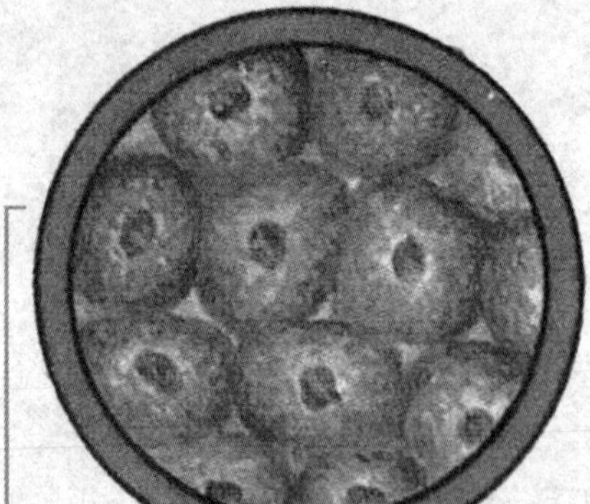

胚 泡

受精后约一周，胚泡植入增厚的子宫内膜中，这就称为妊娠。胚泡不断通过细胞分裂和细胞的分化而长大，分成了两部分：一部分是胚胎本身将来发育成胎儿；另一部分演变为胚外膜，最重要的是羊膜、胎盘和脐带，胎儿通过胎盘和母体进行物质交换。

知识小链接

羊膜

羊膜是羊膜动物（包括爬行动物、鸟类和哺乳动物）的胚胎所具有的一种结构。其本质是一层封闭的生物膜，其内包裹着的空间称为羊膜囊，内含的液体称为羊水。羊膜的主要作用是保护胚胎的发育不受外界的干扰，例如剧烈机械刺激和温度变化等。从发育的角度来说，羊膜的外侧部分来自于中胚层，而内侧部分来自于外胚层。

在前两个月中，胚胎继续细胞分裂、分化，产生各种细胞，组建各种组织、器官。这是发育中的稚嫩和敏感时期，对各种外界刺激的抵抗力、适应力很差，要十分注意安全，包括孕妇服药、接受辐射或接触其他有害因子等都会影响胎儿的正常发育；到第三个月末，各器官系统基本建成，称为胎儿。以后主要是增大和少数结构的改变，这时抵抗能力增强，但如不注意，仍能发生流产；第五个月之后，就比较安全了。由于胎儿迅速生长，母亲的负担日益加重；一般到280天左右，也就是9个月多一点（常说“十月怀胎”实际上不准确）将发生自然分娩。

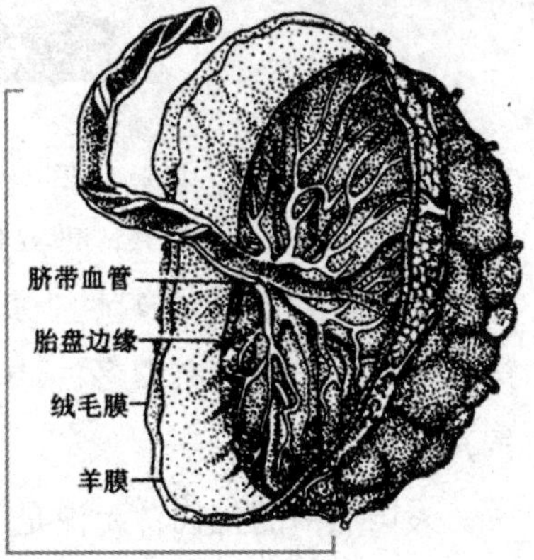

胎　盘

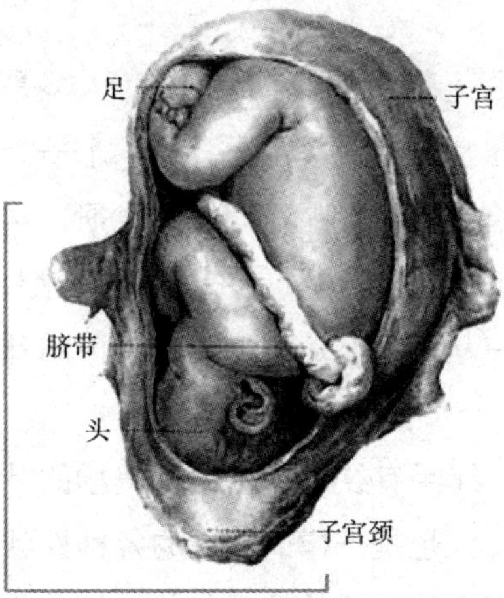

胎　儿

知识小链接

脐带血的用途

脐带血中的造血干细胞可以用来治疗多种血液系统疾病和免疫系统疾病，包括血液系统恶性肿瘤（如急性白血病、慢性白血病、多发性骨髓瘤、骨髓异常增生综合征、淋巴瘤等）、血红蛋白病（如海洋性贫血）、骨髓造血功能衰竭（如再生障碍性贫血）、先天性代谢性疾病、先天性免疫缺陷疾患、自身免疫性疾患、某些实体肿瘤（如小细胞肺癌、神经母细胞瘤、卵巢癌、进行性肌营养不良等）。

孩子为什么会像父母?

俗语说“种瓜得瓜，种豆得豆”，“什么葫芦结什么瓢，什么种子长什么苗”，这是生物遗传的特性。那么为什么会出现子女像父母、子代像亲代的遗传现象呢？自古就有很多说法，时至今日，随着近代遗传学的发展，才真正揭开这层面纱。

大自然中的生物，无论是飞禽走兽，还是花鸟鱼虫，包括人类，大多是通过有性生殖繁衍后代的。父母亲结合产生子代，子代又产生孙代，子子孙孙无穷尽也。那么上一代究竟把什么东西传给了下一代呢？通过现代遗传学的研究发现，前后代唯一的联系桥梁是“生殖细胞”，也就是精子和卵细胞，它们中有一种能控制性状表现的遗传物质——基因，它是负责性状遗传的基本单位。

例如：动物的毛色，黑毛有黑毛的基因，红毛有红毛的基因；植物的叶子，阔叶有阔叶的基因，针叶有针叶的基因；人也是一样的，人的各种性状都有不同的基因。父代就是通过性细胞将一套遗传物质传给后代的，使后代在个体发育过程中，显现出与亲代相似的性状。

这些遗传物质有些是绝对遗传给后代的，有些只是部分决定后代的性状特征。

◎一、绝对遗传

肤色让人别无选择，它总是遵循父母“中和”色的自然法则。就像一个笑话所讲的：“包黑炭和白雪公主的女儿是灰姑娘。”一般来讲，黑人父母是不会生出白人小孩的；如果父母双方是黑人和白人的结合，那么，在胚胎时“平均”后，大部分会给子女一个不黑不白的中性肤色，有时也会偏向一方。

黑白配对双胞胎

彩虹家庭

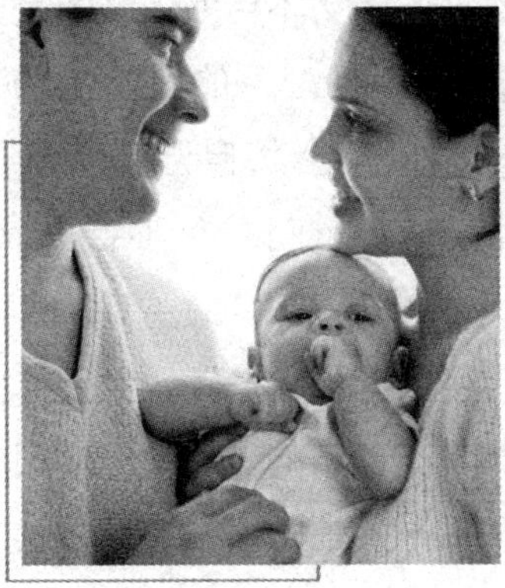

都是双眼皮

在英国，白种人的卡拉·努泽嫁给了科勒，科勒的父亲是英国的黑人，而母亲是伦敦的白人，科勒就同时有着黑人和白人的基因，所以导致他和卡拉的3个孩子有这三种不同的肤色，但是孩子的面部特征却和父母有着相似的地方，他们在英国被称为“彩虹家庭”。下巴像得让你无可奈何。下巴是非常明显的显性遗传，如果父母任何一方有突出的大下巴，那么子女几乎毫无例外地长着酷似的下巴。

双眼皮也属于绝对性遗传。父母亲的双眼皮大多数都会留给子女，另外，大眼睛、大耳垂、高鼻梁、长睫毛，都是五官遗传时从父母那里得到的特征性遗传。

◎二、有半数以上概率的遗传

身高，父母掌握了70%的主动权。决定身高因素的35%来自父亲，35%来自母亲，另外30%为后天因素。假若父母双方个头儿都不高，也就决定了力求长个的尝试不会有明显效果。

肥胖，父母都肥胖会使子女们有53%的机会成为大胖子。但是如果父母只有一方肥胖，孩子肥胖的几率就会下降40%。

肥胖遗传

秃头，传男不传女。父亲是秃头的话，遗传给儿子的概率是50%，就连外祖父都会将自己秃头基因的25%传给外孙们，而不会传给女儿们。

这就是为什么孩子会像父母的原因。如果父母亲的显性遗传基因多的话，那么从面部特征上来看，孩子会像父母多一些；反之，则会少一点。还有一个非常有意思的现象就是：大多数儿子会像母亲多一些，女儿会像父亲多一些。这是由于基因具有一种互补性。从遗传学角度出发，父母亲的性染色体上会有遗传基因的存在，其中性染色体X比性染色体Y大得多，因此

X 染色体上所载有的基因比 Y 染色体上载有的基因多很多。男性的性染色体为 XY，其中的 X 染色体是来自妈妈，Y 染色体来自爸爸，由于 Y 染色体含的基因很少，所以儿子像妈妈；女性的性染色体为 XX，其中一条 X 染色体来自父亲，另一条来自母亲，来自母亲的那条 X 染色体往往被来自父亲的那条 X 染色体所“掩盖”，这就是“女儿像爸爸”的原因。

基本小知识

染色体

染色体是细胞内具有遗传性质的物质，易被碱性染料染成深色，所以叫染色体（染色质）；其本质是脱氧核甘酸，是细胞核内由核蛋白组成、能用碱性染料染色、有结构的丝状或棒状体，是遗传物质基因的载体。

双胞胎都一样吗？

你的周围有双胞胎吗？那么几乎一样的两个人，你是不是也经常搞不清楚他们谁是谁呢？在一般情况下，人的出生是单生，即由一个精子和一个卵子结合成受精卵，然后发育为一个胎儿。但双生现象也时有发生，一般群体中双生的发生率略低于 2%，也就是 100 次出生中约有两次是双生。双生有两种类型，同卵双生和异卵双生，同卵双生是由一个受精卵发育而成的，合子在受精后 14 天内就分为两个胚胎，因此一对同卵双生子在正常情况下携带有完全相同的整套 DNA，接受完全一样的染色体和基因物质，并且一般为同性别。所以他们就像从一个模子刻出来的一样，有时连自己的父母也很难辨认。这种相似不仅是外形相似，甚至某些生理特征、血型、智力，以及对疾病的易感性都很一致。异卵双生是由于妇女在同一月经周期内排出的两个卵子同时各被一个精予受精，就像是两次单生一样，异卵双生子的 DNA 是有差异的，一般只有 50% 的遗传相似度。

基本小知识

血 型

血型是对血液分类的方法，通常是指红细胞的分型，其依据是红细胞表面是否存在某些可遗传的抗原物质。抗原物质可以是蛋白质、糖类、糖蛋白或者糖脂。目前已经发现并为国际输血协会承认的人类血型系统有30种，有ABO血型系统、Rh血型系统、MNS血型系统、P血型系统及HLA血型系统等。血型系统对输血具有重要意义，以不相容的血型输血可能导致溶血反应的发生，造成溶血性贫血、肾衰竭、休克以至死亡。

一样的模样，一样的默契，但是很少有性格一样的双胞胎。而且从医学角度来说，双胞胎的性格差异都非常大。这不单单是遗传基因造成的。要知道，人的性格和很多行为往往在婴儿时期就已经养成了习惯。在半岁以前，婴儿就已经有了社会认识和对刺激的常规反应，这也决定了双胞胎在性格上的走向。因为双胞胎在这段时间里大部分都是受到相同的照顾，见到的也都是相同的人，所以也就能解释为什么双胞胎大多数的性格还是比较相近。但是这时候，父母一瞬间的情绪，却有可能会影响到其中某个孩子的性格养成。比如给这个孩子喂完了奶，刚要喂下一个，母亲需要去接一个电话，那么无形中就造成了差异。父母情绪上的一点点波动，对幼小的婴儿来说，已经是巨大的影响了。

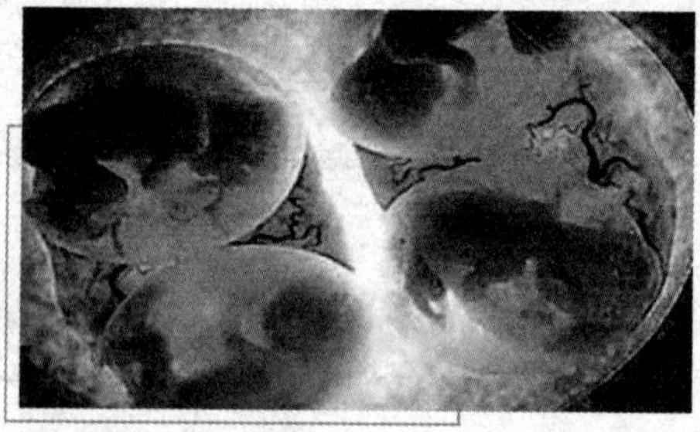

双胞胎的胚胎

有特异功能的双胞胎姐妹

世界上有很多双胞胎，他们就生活在我们周围，有着和我们一样的生

有心电感应的双胞胎

活，但有的双胞胎似乎还具有某些特异功能。出生于1955年的双胞胎姐妹琳达·杰米森和特里·杰米森是美国人，1999年11月2日，她们断言恐怖分子将会在2001年袭击联邦政府大楼和世界贸易中心，她们称："我们看到一些恐怖分子袭击联邦政府大楼，和美国纽约世界贸易中心。"双胞胎姐妹并没有说明袭击的具体时间，因为这意味着承担责任。杰米森姐妹也曾预言已故美国总统肯尼迪的儿子小肯尼迪都会死于飞机失事。然而，杰米森姐妹也会经常有预言不准的情况发生：2003年12月，她们错误地预言称萨达姆·侯赛因会被美国军队杀害、教皇约翰保罗二世将于2004年6月逝世。

趣味点击　双胞胎之乡

云南省普洱市墨江县是世界上最大的双胞胎之乡。墨江位于云南南部，北回归线恰好从县城中心穿过。在墨江，双胞胎和植物、果实双胞孪生的现象突出，因此这里也被称为"双胞胎之乡"。双胞胎是人类生殖繁衍中的一种特殊生理现象，在人群中的自然发生率略低于2%，而北回归线上的墨江县总人口36万，竟有千余对双胞胎，特别是在该县境内的河西村，双胞胎的比例远远超过4%。

还有许多双胞胎会有心电感应，当其中一方受到刺激时，另一方也会同样做出反应。曾经有人做过一个实验，试验对象为8岁大的理查德·波尔斯。研究人员把他关在一个隔音的房间里，并在他的面前放了一桶冰水。按照要求，理查德将手臂伸进冰水里。在另一个房间，在视线和听力范围之外，他的同卵双生的兄弟达米安身体与多导生理记录仪相连接，生理记录仪专家监测达米安的呼吸、腹肌、脉搏和皮电反应

（手部汗腺），发现达米安身体的反应跟随着理查德的感觉而变化。当理查德受凉水的刺激作用引起急剧吸气，可以看到达米安呼吸频率监测器上突然出现亮点。研究人员进行的另一个试验是让理查德打开一个硬纸板盒子，突然一只巨型橡胶蛇朝他蹿起，这时立刻清晰地看到达米安的脉搏变化。

但这并不是所有的双胞胎都可以做到的。一般来讲，异卵双生的双胞胎基本不会有这种心电感应，因为他们只有50%的基因是相同的；而同卵双生的双胞胎有着完全一样的DNA，所以他们会感应到对方的心理变化。

近亲结婚的恶果

近亲（或称亲缘关系）是指三至四代以内有共同的祖先。如果他们之间通婚，就称为近亲婚配。近亲婚配的夫妇有可能从他们共同的祖先那里获得同一基因，并将其传递给子女。如果这一基因按常染色体隐性遗传方式，其子女就可能因为是突变纯合子而发病。因此，近亲婚配增加了某些常染色体隐性遗传疾病的发生风险。近亲婚配使子女中得到这样一对纯合子或相同基因的概率，称为近婚系数（Inbreeding Coefficient，简称IF）。

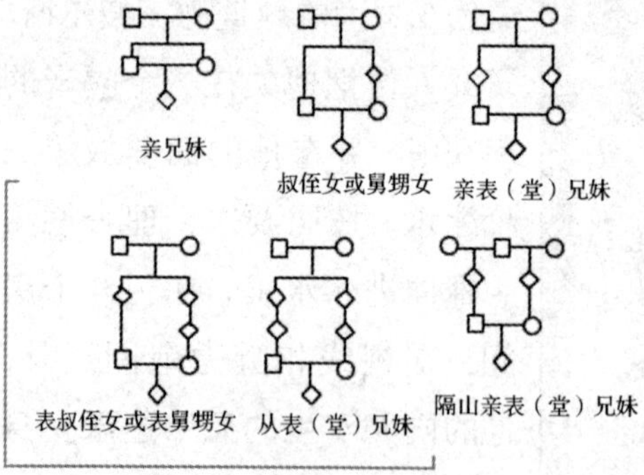

近亲结婚的类型

大多数国家都不鼓励近亲结婚，甚至禁止近亲结婚。近亲结婚，后代的死亡率高，并常出现痴呆、畸形儿和遗传病患者。这是由于近亲结婚的夫妇，从共同祖先那里获得了较多的相同基因，容易使对生存不利的隐性有害基因在后代中相遇（即纯合），因而容易出生素质低劣的孩子。据世界卫生组织估计，人群中每个人约携带5～6种隐性遗传病的致病基因。近亲结婚时，夫妇二人携带相同的隐性致病基因的可能性很大，容易在子代相遇，而使后代遗传病的发病率升高。

那么近亲通婚的风险到底有多大？让我们从以下婚配模式来计算：

如果在一级表亲和二级表亲之间有一级隔代表亲和一级隔代表亲通婚，则近亲指数就是 1/32 = 0.03125，其他类型依次类推。假设一种遗传病在人群中的比例是 1/1000，则非近亲通婚的后代患病风险为 1/500 × 1/500 × 1/4 = 1/1000000（百万分之一）；二级表亲通婚后代患病风险为 1/500 × 1/64 × 1/4 = 1/128000；一级表亲通婚后代患病风险为 1/500 × 1/16 × 1/4 = 1/32000；兄妹通婚的后代患病风险为 1/500 × 1/4 × 1/4 = 1/8000。

拓展思考

如何判断是第几代近亲结婚？

从有共同祖先的那一代计起，算第一代，依此类推。如表兄妹结婚，双方的外祖母属第一代，双方的母亲属第二代，表兄妹结合就是第三代。我国婚姻法规定三代以内血亲禁止结婚，包括第三代，即禁止表兄妹结婚。

与非近亲结婚相比，二级近亲的风险增大 7.8 倍；一级近亲的风险增大 31 倍；兄妹通婚的风险率则是正常随机婚配的 125 倍！

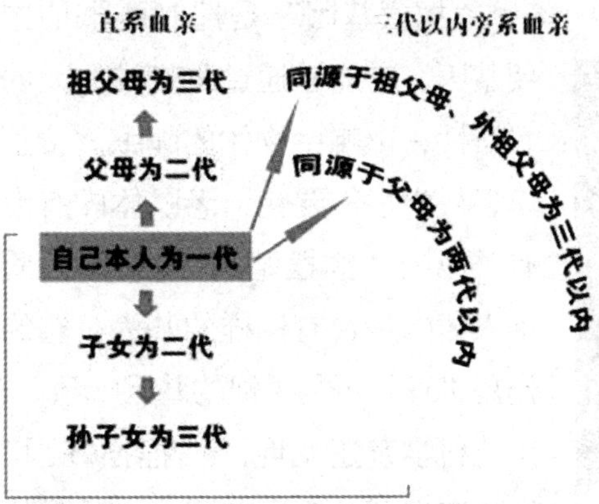

近亲结婚

据调查，近亲结婚率，城市约为 0.7%，农村为 1.2%，有的高达 2.8%。某些山区农村、海岛由于交通不发达，近亲婚配更高，因而遗传性疾病就较多。因此，禁止近亲结婚是降低以至消除隐性遗传病发病率、提高人口素质的有效措施，是优生的主要内容之一。

睡眠长短由基因控制

很多人都有睡眠方面的困扰：有时人们为了一项特殊的工作任务而想少睡一会儿觉，多些时间用于工作；也有不少人为失眠而烦恼。美国科学家在《自然》杂志上发表论文说，他们通过对果蝇的研究发现了控制睡眠时间长短的基因，这有望解决人们对睡眠时间长短的不同需求。

为详细了解睡眠时长，科学家用果蝇作为实验对象。因为果蝇的基因构成与人类类似，果蝇还和人一样喜欢每天在固定的时间睡觉。在长达4年的研究里，美国威斯康星大学的科学家西雷利和他的同事对9000种发生突变的果蝇进行了基因筛选，得到了一种睡眠很少的果蝇，其睡眠时间只有野生果蝇的1/3。在睡眠受到剥夺时，睡眠少的果蝇的表现比普通果蝇强，比如它们会尽快从炎热的地方转到凉爽的地方，而普通果蝇此时则表现有些迟钝。

研究表明，果蝇睡眠大幅度减少是由于体内X染色体上一种“摇摆基因”发生了突变。睡眠少的果蝇在刚刚睡醒时腿会不停地颤抖。科学家发现，那些睡眠少的人也有这个特点，这说明人体内也很可能有类似的“摇摆基因”。

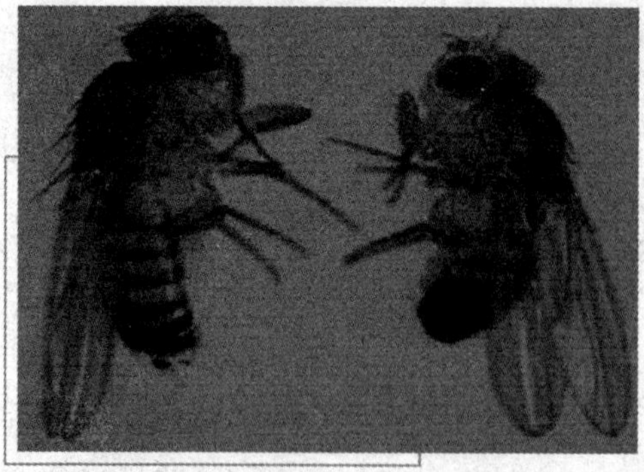

果　蝇

“摇摆基因”是控制睡眠的主要基因，它能够通过改变神经元的兴奋性，影响生物体的睡眠。接下来，科学家需要验证老鼠体内有没有类似的“摇摆基因”，最终要验证人体内是否有这样的基因，它的作用机理是否与果蝇的基因一致。

科学家还发现，“摇摆基因”发生突变后，会影响到有关睡眠的神经细胞中钾离子的传输过程。“摇摆基因”可促进大脑释放一种蛋白质，这种蛋白质能够促使钾离子进入神经细胞。“摇摆基因”发生突变后，果蝇细胞膜间的化学物质传输过程被打乱，钾离子不能像往常那样自由地在细胞间传输，就无法进入神经细胞，这就是导致果蝇睡眠减少的原因。

根据“摇摆基因”控制睡眠的原理，研究人员可发明一种正向药物，让神经系统中钾离子的传输加强，暂时抑制神经细胞的活动，服药者就可以克服失眠的困扰。以前的安眠药抑制的是神经中枢，容易让人产生对药物的依赖性并上瘾；而新的安眠药抑制的是控制睡眠的神经细胞，不仅不会上瘾，而且可以让人体的生理节奏恢复正常。

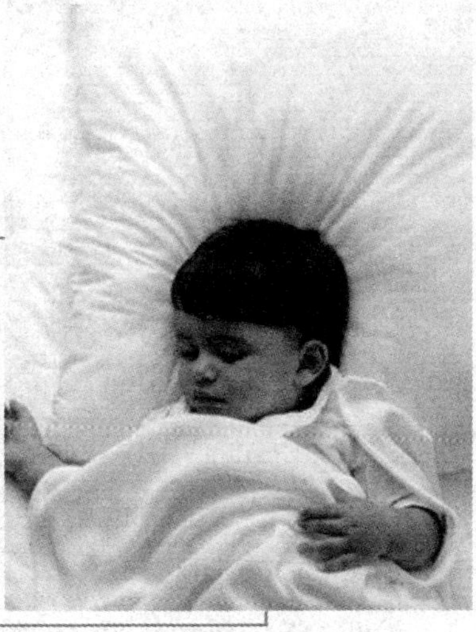

婴儿般的睡眠

研究人员还可以发明一种反向药物，破坏神经系统中钾离子的传输过程，让神经细胞变得更加兴奋，服药者就可以克服睡眠的干扰，多些时间进行工作。

知识小链接

睡眠时相的转换

正常成年人入睡后，首先进入慢波相，通常依次为1～2～3～4～3～2等期，历时70～120分钟不等，即转入异相睡眠，约5～15分钟，这样便结束第一个时相转换，接着又开始慢波相，并转入下一个异相睡眠，如此周而复始地进行下去。整个睡眠过程，一般有4～6次转换，慢波相时程逐次缩短，并以第二期为主，而异相时程则逐步延长。以睡眠全时为100%，则慢波睡眠约占80%，而异相睡眠占20%。将睡眠不同时相和觉醒态按出现的先后时间序列排列，可绘制成睡眠图，它能直观地反映睡眠各时相的动态变化。

人类的奴性基因

通过控制大脑中的“D2”基因，科学家把好斗的猴子变成听话的奴隶。如果这种技术被应用在人类身上，人类社会是否会走向英国作家赫胥黎小说中的“美丽新世界”?

在奥尔德斯·赫胥黎经典的未来派小说《美丽新世界》中，他虚构了一个分化了的阶级社会，那个社会的最上层是阿尔法族（Alpha），最底层是埃普斯隆族（Epsilon）。埃普斯隆族的大脑被药物麻木，他们作为奴隶承受着繁重而乏味的工作，并对此毫无怨言。直到现在，书中所描述的一切仍然是今天科幻作品中的素材。

然而，英国科学家通过动物实验，找到了利用基因彻底改变动物性情的方法。而这项发现很有可能让贺胥黎所虚构的埃普斯隆族变为现实。

◎ 奴隶基因——D2

这项在恒河猴身上展开的实验是由美国国家精神健康研究所的政府神经生物学家巴里·里士满领导的。该实验结果首次表明：动物的行为能够人为地被永久改变，即使原本属性好斗的动物也能即刻变得顺从。

科学家是通过操纵大脑中一种叫作“D2”的基因做到这一点的。通过阻止 D2 的作用，科学家切断了猴子的行为动机和回报知觉之间的联系。被切断了这种生理联系的猴子，长时间任劳任怨地执行科学家给它们指派的任务，而忘记索取任何“报酬”。

在《自然神经系统科学》上，里士满发表了此次研究发现的详情，尤其介绍了他们是如何让猴子心甘情愿地做“奴隶”的。

实验中，科学家事先训练猴子，让它们根据面前屏幕上的颜色变化来“从事”控制杠杆的“工作”。在一般情况下，如果猴子认为自己的工作很快就能得到回报（也许是一支香蕉）的话，它们工作起来会十分快速而且卖力，出错的几率也很小。

然而，里士满和他的研究小组发现：只要通过控制猴子大脑中的D2基因，猴子就会忘记对报酬的期待；他们能够让这些猴子在任何时候都卖力而快速地工作，同时不会有任何抱怨和懒散的迹象。

恒河猴

人类也拥有同样的基因！

“大多数人也都会被获得报酬的期望所激发，从而努力和认真地工作，不管这种报酬是一张薪水支票，还是一句赞扬之词。”里士满说，“在实验中，我们发现能够除去那种回报联系，并且建立起这样一种情形：重复而艰苦的工作能够在没有任何报酬的情况下继续。”

由于这种技术能够不为人知地塑造大脑中的“奴性”，实验者的动机是否存在道德危险呢？

这些科学家称，这项研究的最初目标是要找到治疗精神疾病的方法。“我们一直都在做决定，决定的因素包括：我们认为回报到底有多重要，以及我们得到这种回报要多长的时间。”里士满说，“意志消沉的时候，人们认为任何回报都是不值得的，所有的工作都显得太过繁重。而患上强迫症的人，尽管不停地工作，但永远也不会对他们所做的事感到满足。在大脑回路中，如果找到这种与情绪和回报有关的干扰，我们或许能够解除这些症状。”

里士满指出，通过控制基因永久改变人类行为，目前在学术上还太过复杂；而且即使在理论上，经过这种方法处理成“埃普斯隆族现实版”的人类将不能很好地工作。

作为工业奴隶，“他们将失去判断能力，如果在一条生产线上的任何人出现了问题，他们也无法明白自己的努力已经白费；”里士满半开玩笑地说，“对我们自己来说，用普通的回报因素来激励大家似乎能够更到位一些。”

疲劳基因

有的人即便长时间处于高强度的压力下，也不会感到疲劳，有的人却是哪怕干一点活就会觉得累，除了体质不同，或者习惯不同之外，还可能与基因不同有关。

据英国媒体报道，目前尚无任何诊断慢性疲劳综合征的方法，但科学家们却鉴别出了成千上万种导致慢性疲劳综合征的基因。

英国格拉斯哥大学的研究小组在 50 名慢性疲劳综合征患者身上，发现了一种独特的基因。研究人员表示，他们希望这一初步研究成果将来能为疲劳综合征的诊断和治疗提供新途径。

通过对 50 名慢性疲劳综合征患者基因组的观察，科学家们发现，这些患者的某些基因与同年龄、同性别健康人的基因是有差别的。

格拉斯哥大学研究小组负责人高博士说：“我们已经鉴别出了那些不同于正常人基因的上调基因，这表明我们可能拥有了一种诊断慢性疲劳综合征的新方法。”但高博士同时指出，他们需要对更多的病人进行观察，以便确认这种基因鉴别方法的确能帮助医生对慢性综合疲劳征进行确诊。

拓展阅读

如何对待疲劳？

为什么大多数人感到慵懒的时间是中午？原因之一是睡眠周期的一个低点在中午。这时，出去呼吸新鲜空气和四处走走有好处，锻炼会加速氧在身体和头脑中的流动，这样，就能加速循环使人活跃。每天以轻至中等强度锻炼20～40分钟大有益处，它也会帮助你中午不打瞌睡。

而有些人认为疲劳是有一定好处的，正像电池需要充电一样。科学观点认为疲劳时是身体某些器官修复的征兆，是身体康复的必经之路。所以疲劳到来最好的方法是去休息，好让身体去处理它自己的事务。

人类基因组

人类基因组，又译人类基因体，是智慧人种的基因组。共组成24个染色体，分别是22个体染色体、X染色体与Y染色体，含有约30亿个DNA碱基对。碱基对是以氢键相结合的两个含氮碱基，以A、T、C、G四种碱基排列成碱基序列。其中一部分的碱基对组成了大约20000～25000个基因。

全世界的生物学与医学界在人类基因组计划中，调查人类基因组中的真染色质基因序列。发现人类的基因数量比原先预期的更少，其中的外显子，也就是能够制造蛋白质的编码序列，只占总长度的1.5%。

现代遗传学家认为，基因是DNA（脱氧核糖核酸）分子上具有遗传效应的特定核苷酸序列的总称，是具有遗传效应的DNA分子片段。基因位于染色体上，并在染色体上呈线性排列。基因不仅可以通过复制把遗传信息传递给下一代，还可以使遗传信息得到表达。不同人种之间头发、肤色、眼睛、鼻子等不同，是基因差异所致。

人类只有一个基因组，大约有5万~10万个基因。

随着人类基因组逐渐被破译，一张生命之图将被绘就，人们的生活也将发生巨大变化。基因药物已经走进人们的生活，利用基因治疗更多的疾病不再是一个奢望。因为随着我们对人类 本身的了解迈上新的台阶，很多疾病的病因将被揭开，药物就会设计得更好些，治疗方案就能“对因下药”，生活起居、饮食习惯有可能根据基因情况进行调整，人类的整体健康状况将会提高，21世纪的医学基础将由此奠定。

利用基因，人们可以改良果蔬品种，提高农作物的品质，更多的转基因植物和动物、食品将问世，人类可能在新世纪里培育出超级作物。通过控制人体的生化特性，人类将能够恢复或修复人体细胞和器官的功能，甚至改变人类的进化过程。

◎人类基因组计划

人类基因组计划（HGP）是由美国科学家于1985年率先提出，于1990年正式启动的。美国、英国、法国、德国、日本和我国科学家共同参与了这一价值达30亿美元的人类基因组计划。按照这个计划的设想，在2005年，要把人体内约10万个基因的密码全部解开，同时绘制出人类基因的谱图。换句话说，就是要揭开组成人体10万个基因的30亿个碱基对的秘密。人类基因组计划与曼哈顿原子弹计划和阿波罗计划并称为三大科学计划。

1986年，诺贝尔奖获得者Renato Dulbecco发表短文《肿瘤研究的转折点：人类基因组测序》（Science，231：1055~1056）。文中指出：“如果我们想更多地了解肿瘤，我们从现在起必须关注细胞的基因组……从哪个物种着手努力？如果我们想理解人类肿瘤，那就应从人类开始……人类肿瘤研究将因对DNA的详细知识而得到巨大推动。”

什么是基因组？基因组就是一个物种中所有基因的整体组成。人类基因组有两层意义：遗传信息和遗传物质。要揭开生命的奥秘，就需要从整体水平研究基因的存在、基因的结构与功能、基因之间的相互关系。

基本小知识

阿波罗计划

阿波罗计划，又称阿波罗工程，是美国于20世纪60至70年代初组织实施的载人登月工程。它是世界航天史上具有划时代意义的一项成就。工程开始于1961年5月，至1972年12月第六次登月成功结束，历时约11年，耗资255亿美元。在工程高峰时期，参与工程的有2万家企业、200多所大学和80多个科研机构，总人数超过30万人。

为什么选择人类的基因组进行研究？因为人类是在进化历程上最高级的生物，这一研究有助于认识人类自身，掌握生老病死规律和疾病的诊断、治疗方法，了解生命的起源。

测出人类基因组DNA的30亿个碱基对的序列，发现所有人类基因，找出它们在染色体上的位置，破译人类全部遗传信息。

在人类基因组计划中，还包括对五种生物基因组的研究：大肠杆菌、酵母、线虫、果蝇和小鼠，称之为人类的五种“模式生物”。

HGP的目的是解码生命、了解生命的起源、了解生命体生长发育的规律、认识种属之间和个体之间存在差异的起因、认识疾病产生的机制以及长寿与衰老等生命现象、为疾病的诊治提供科学依据。

HGP的主要任务是人类的DNA测序，此外还有测序技术、人类基因组序列变异、功能基因组技术、比较基因组学、社会、法律、伦理研究、生物信息学和计算生物学、教育培训等目的。

1. 遗传图谱

遗传图谱又称连锁图谱，它是以具有遗传多态性（在一个遗传位点上具有一个以上的等位基因，在群体中的出现频率皆高于1%）的遗传标记为“路标”，以遗传学距离（在减数分裂事件中两个位点之间进行交换、重组的百分率，1%的重组率称为1厘米）为图距的基因组图。遗传图谱的建立为基因识别和完成基因定位创造了条件。意义：6000多个遗传标记已经能够把人的基因组分成6000多个区域，使得连锁分析法可以找到某一致病的或表现型的基因与某一标记邻近（紧密连锁）的证据，这样可以把这一基因定位于这一已知区域，再对基因进行分离和研究。对于疾病而言，找到致病基因和分析基因是个关键。

第一代标记：经典的遗传标记，例如ABO血型位点标记，HLA位点标记。20世纪70年代中后期，限制性片段长度多态性（RFLP），位点数目大于105，用限制性内切酶特异性切割DNA链，由于DNA的一个“点”上的变异所造成的能切与不能切两种状况，可产生不同长度的片段（等位片段），可用凝胶电泳显示多态性，从片段多态性的信息与疾病表型间的关系进行连锁分析，找到致病基因。如Huntington症。但每次酶切2~3个片段，信息量有限。

第二代标记：1985年，小卫星中心、可变串联重复VNTR可提供不同长度的片段，其重复单位长度为6~12个核苷酸；1989年微卫星标记系统被发现和建立，重复单位长度为2~6个核苷酸，又称简短串联重复（STR）。

第三代标记：1996年MIT的Lander ES又提出了SNP（single nucleotide polymorphysm）的遗传标记系统。对每一核苷酸突变率为10~9，双等位型标记，在人类基因组中可达到300万个，平均约每1250个碱基对就会有一个。3~4个相邻的标记构成的单倍型（haplotype）就可有8~16种。

2. 物理图谱

物理图谱是指有关构成基因组的全部基因的排列和间距的信息，它是通过对构成基因组的DNA分子进行测定而绘制的。绘制物理图谱的目的是把有关基因的遗传信息及其在每条染色体上的相对位置线性而系统地排列出来。DNA物理图谱是指DNA链的限制性酶切片段的排列顺序，即酶切片段在DNA链上的定位。因限制性内切酶在DNA链上的切口是以特异序列为基础的，核苷酸序列不同的DNA，经酶切后就会产生不同长度的DNA片段，由此而构成独特的酶切图谱。因此，DNA物理图谱是DNA分子结构的特征之一。DNA

是很大的分子，由限制酶产生的用于测序反应的DNA片段只是其中的极小部分，这些片段在DNA链中所处的位置关系是应该首先解决的问题，故DNA物理图谱是顺序测定的基础，也可理解为指导DNA测序的蓝图。广义上说，DNA测序从物理图谱制作开始，它是测序工作的第一步。制作DNA物理图谱的方法有多种，这里选择一种常用的简便方法——标记片段的部分酶解法，来说明图谱制作原理。

用部分酶解法测定DNA物理图谱包括两个基本步骤：

（1）完全降解：选择合适的限制性内切酶将待测DNA链（已经标记放射性同位素）完全降解，降解产物经凝胶电泳分离后进行自显影，获得的图谱即为组成该DNA链的酶切片段的数目和大小。

（2）部分降解：以末端标记使待测DNA的一条链带上示踪同位素，然后用上述相同酶部分降解该DNA链，即通过控制反应条件使DNA链上该酶的切口随机断裂，而避免所有切口断裂的完全降解发生。部分酶解产物同样进行电泳分离及自显影。比较上述两步的自显影图谱，根据片段大小及彼此间的差异即可排出酶切片段在DNA链上的位置。下面是测定某组蛋白基因DNA物理图谱的详细说明。

完整的物理图谱应包括人类基因组的不同载体DNA克隆片段重叠群图，大片段限制性内切酶切点图，DNA片段或一特异DNA序列（STS）的路标图，以及基因组中广泛存在的特征型序列（如CpG序列、Alu序列，isochore）等的标记图，人类基因组的细胞遗传学图（即染色体的区、带、亚带，或以染色体长度的百分率定标记），最终在分子水平上与序列图的统一。

基本原理是把庞大的无从下手的DNA先“敲碎”，再拼接。以Mb、kb、bp作为图距，以DNA探针的STS（sequence tags site）序列为路标。1998年完成了具有52000个序列标签位点（STS），并覆盖人类基因组大部分区域的连续克隆系的物理图谱。构建物理图的一个主要内容是把含有STS对应序列的DNA的克隆片段连接成相互重叠的“片段重叠群（contig）”。用“酵母人工染色体（YAC）作为载体的载有人DNA片段的文库已包含了构建总体覆盖率为100%、具有高度代表性的片段重叠群”，近几年来又发展了可靠性更高的BAC、PAC库或cosmid库等。

3. 序列图谱

随着遗传图谱和物理图谱的完成，测序就成为重中之重的工作。DNA序列分析技术是一个包括制备DNA片段化及碱基分析、DNA信息翻译的多阶段的过程。通过测序得到基因组的序列图谱。

◎人类基因组计划对人类的重要意义

1. 人类基因组计划对人类疾病基因研究的贡献

人类疾病相关的基因是人类基因组中结构和功能完整性至关重要的信息。对于单基因病，采用“定位克隆”和“定位候选克隆”的全新思路，导致了亨廷顿舞蹈病、遗传性结肠癌和乳腺癌等一大批单基因遗传病致病基因的发现，为这些疾病的基因诊断和基因治疗奠定了基础。对于心血管疾病、肿瘤、糖尿病、神经精神类疾病（老年性痴呆、精神分裂症）、自身免疫性疾病等多基因疾病是目前疾病基因研究的重点。健康相关研究是人类基因组计划的重要组成部分，1997年相继提出“肿瘤基因组解剖计划”和“环境基因组学计划”。

2. HGP对医学的贡献

基因诊断、基因治疗和基于基因组知识的治疗、基于基因组信息的疾病预防、疾病易感基因的识别、风险人群生活方式、环境因子的干预。

3. HGP对生物技术的贡献

（1）基因工程药物：分泌蛋白（多肽激素、生长因子、趋化因子、凝血和抗凝血因子等）及其受体。

（2）诊断和研究试剂产业：基因和抗体试剂盒、诊断和研究用生物芯片、疾病和筛药模型。

（3）对细胞、胚胎、组织工程的推动：胚胎和成年期干细胞、克隆技术、器官再造。

基本小知识

核苷酸

一类由嘌呤碱或嘧啶碱基、核糖或脱氧核糖以及磷酸3种物质组成的化合物。又称核甙酸。戊糖与有机碱合成核苷，核苷与磷酸合成核苷酸，4种核苷酸组成核酸。核苷酸主要参与构成核酸，许多单核苷酸也具有多种重要的生物学功能，如与能量代谢有关的三磷酸腺苷（ATP）、脱氢辅酶等。某些核苷酸的类似物能干扰核苷酸代谢，可作为抗癌药物。

4. HGP 对制药工业的贡献

筛选药物的靶点：与组合化学和天然化合物分离技术结合，建立高通量的受体、酶结合试验以知识为基础的药物设计；基因蛋白产物的高级结构分析、预测、模拟——药物作用“口袋”。

个体化的药物治疗：药物基因组学。

5. HGP 对社会经济的重要影响

生物产业与信息产业是一个国家的两大经济支柱；发现新功能基因的社会和经济效益；转基因食品；转基因药物（如减肥药，增高药）。

6. HGP 对生物进化研究的影响

生物的进化史，都刻写在各基因组的“天书”上；草履虫是人的亲戚——13亿年；人是由300万～400万年前的一种猴子进化来的；人类第一次“走出非洲”——200 万年的古猿；人类的“夏娃”来自于非洲，距今 20 万年——第二次“走出非洲”。

7. HGP 带来的负面作用

侏罗纪公园不只是科幻故事；种族选择性灭绝性生物武器；基因专利战；基因资源的掠夺战；基因与个人隐私。

拓展阅读

内　切　酶

内切酶，全称限制性核酸内切酶，亦称限制性核酸酶。它是一种能催化多核苷酸的链断裂的酶，只对脱氧核糖核酸内一定碱基序列中某一定位置发生作用，把这一位置的链切开。通过内切酶可以把某一个遗传基因切下来，若再连在别的细胞的遗传基因上，便可使这个细胞具有新的遗传特性。内切酶的发现和采用，使基因工程成为可能。

DNA——解开遗传的密码

ZAOFU RENLEI DE JIYIN GONGCHENG

遗传学是21世纪生命科学领域的前沿学科之一，从其产生到现在只有大约100年的时间，然而在这短短的100年的时间里，其发展速度之快、影响范围之广在生物学领域里几乎没有哪一门学科能与之相提并论。究其原因，遗传学是生物科学领域里极为基础的学科，凡是以生物体某一特定生命现象或生命属性为研究对象的科学，如生物化学、神经生物学、细胞生物学、发育生物学等，在研究这些生命现象的底蕴和机理时，都会涉及基因，都要在基因这个层次上寻找其原因。

另外，随着人类基因组测序的完成与分子生物学技术的迅猛发展，人们对许多疾病的发生机制有了深入的认识，并有可能从最根本的层次来洞悉生命的奥秘。基因已融入了生命科学的各个学科，生命科学各学科都与遗传学形成了交叉学科。由此也可看出遗传学在生命科学中的重要地位。

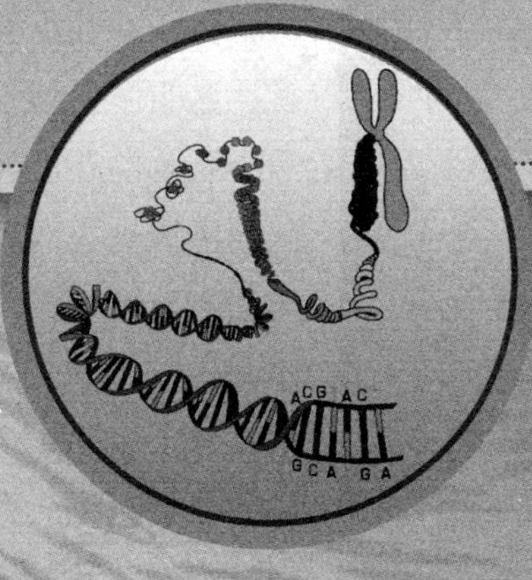

从豌豆实验到噬菌体的发现

19世纪60年代，奥地利著名生物学家孟德尔，通过著名的豌豆实验指出，控制豌豆各种异常形状的遗传物质是呈颗粒状、成对存在的因子。

孟德尔为什么选用豌豆呢？因为豌豆花不等到花瓣张开，雄蕊上的花粉就落到雌蕊的柱头上，完成了授粉作用；而且花瓣裹得很严实，不让另一朵花的花粉有侵入的机会，所以豌豆的自花授粉是一种严格的自交。

豌豆通过严格的自交传种接代，所以各种不同品种的豌豆，都能保持自己独特的性状。这样的品种通常称为纯种。孟德尔搜集了许多种纯种的豌豆，例如高茎品种、矮茎品种，开红花（紫色花）的品种、开白花的品种，等等。在这里，高和矮是一对性状，白和红也是一对性状。用这样的纯种来做杂交实验，可以得到比较简单的结果。而且对结果做解释可能比较容易。比方说，开红花的豌豆品种跟开白花的豌豆品种杂交，后代的花会是什么颜色呢？是红的还是白的或是其他什么颜色的呢？

孟德尔

孟德尔的杂交实验是这样做的：

当红花豌豆快要开花的时候，他把一朵花的花瓣扒开，摘掉还未成熟的雄蕊，这叫作去雄。然后，用纸袋把这朵只有雌蕊的花套起来，不让别朵花的花粉随风飘进去或者由昆虫带进去。等到雌蕊成熟的时候，他用鸡毛在白花豌豆雄蕊上一擦，花粉就附着在鸡毛上了。这时候，他把套在红花豌豆的花上的纸袋摘下来，把这鸡毛往雌蕊的柱头上轻轻一擦，再用纸袋把花套住，异花授粉，也就是杂交，就实现了。用符号“♀”代表雌性，即母本，用符号“♂”代表雄性，即父本，用符号“×”代表交配，就可以这样记下来：

红花♀ ×白花♂

同样的，可以把红花豌豆的花粉，移到白花豌豆的雌蕊的柱头上面，实现这样的杂交：

白花♀ ×红花♂

用什么品种做母本，用什么品种做父本，是孟德尔预先计划好的。实验按照他预定的计划，有条不紊地进行。

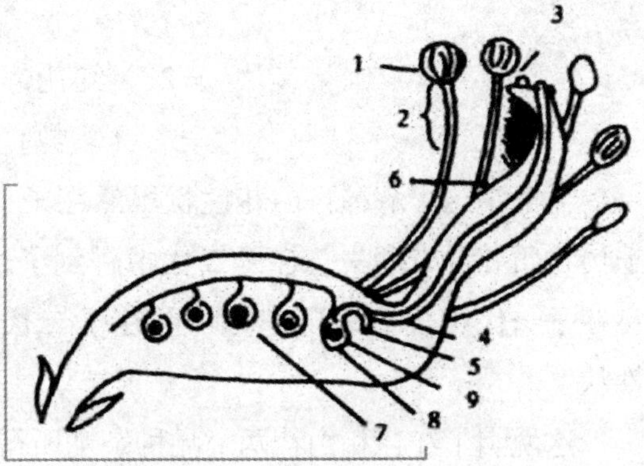

1. 花粉　2. 雄蕊　3. 花粉粒　4. 花粉管　5. 精子
6. 花柱　7. 子房　8. 胚珠　9. 卵子

豌豆雌蕊和雄蕊的构造

杂交的结果怎样呢？他发现：不管红花品种做母本，还是做父本，把杂交得到的种子第二年种在地里，长成的植株都开红花，没有一个例外。

如果用符号表示实验结果，就是：

红花♀ ×白花♂　　　　白花♀ ×红花♂

↓　　　　　　　　↓

红花　　　　　　　　红花

孟德尔这样解释：在杂交过程中，红花这个性状对白花来说，就要强烈地表现出来，所以叫作显性性状。那么白花性状在杂交以后是不是消失了呢？孟德尔向自己提出这样的问题。

孟德尔继续进行实验。他把开红花的杂交第一代叫作子一代，记录的时候用子 1 表示。他让子一代自己授粉，看看结果如何。

第三年，豌豆植株上大部分开红花，还有一小部分是白花。这些后代叫作子二代，用子 2 表示。记录下来，就是：

亲代　红花×白花

↓

子1　　　红花

↓

子2　红花　白花

（多数）（少数）

孟德尔这样解释：白花性状虽然在子一代中没有表现出来，但是白花的遗传物质并没有消失，在子二代中碰到了适宜的情况，又表现出来了。像这种在子一代中没有表现出来，而在子二代中又表现出来的性状，叫作隐性性状。

这说明了红花和白花两个品种杂交所得到的红花后代（子1），实际上是个杂种，而不是纯种。在这个红花后代里，既含有红花的遗传物质，又含有白花的遗传物质。

孟德尔认识到：杂交的子代表现出来的如果是显性的性状，它可能含有隐性性状的遗传物质。从亲代遗传下来的性状，不一定都能得到表现。它可能是纯种，也可能是杂种。

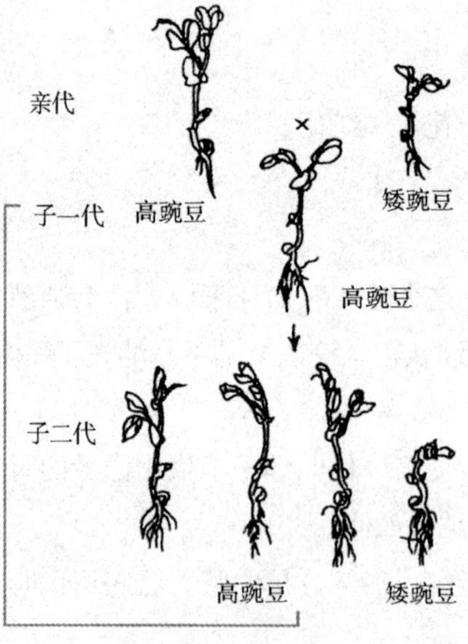

豌豆性状遗传图

但是，杂交子代如果表现的是隐性的性状，它只含有隐性性状的遗传物质，而不可能含有显性性状的遗传物质，所以一定是纯种。如果让开白花的豌豆品种自己授粉，它所产生的后代总是开白花的，没有一个例外。

孟德尔后来又做了许多植物或动物的不同品种之间的杂交实验，都得到了跟红花豌豆和白花豌豆杂交的相同结果。

他让高豌豆品种跟矮豌豆品种杂交，子一代总是高豌豆。第二年，让子一代自花传粉，子二代出现了一部分矮豌豆。

他又让种子饱满而圆形的豌豆跟种子皱缩的豌豆杂交，也得到了完全同样的结果。他用豌豆一共进行了 7 对性状的杂交实验，结果都相同。因此，他认为在相对性状当中，显性和隐性的出现有一种规律，不是什么偶然的现象，孟德尔称它为显性原理。

然而，这一学说当时并没有引起人们的重视。直到孟德尔去世 26 年之后的 20 世纪初，人们才知道了生物的遗传规律，才重新认识到孟德尔遗传学说的伟大和他对生命科学的巨大贡献。

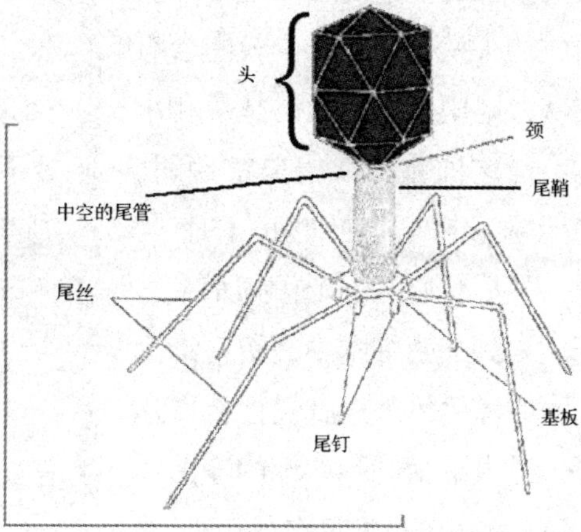

噬菌体

1944 年，加拿大人爱威瑞也完成了两种肺炎双球菌的转化实验，证实了脱氧核糖核酸（DNA）是遗传物质。同期的美国细菌学家艾弗里，也证明了有荚膜菌向无荚膜菌提供的就是遗传物质 DNA。以后，人们又进一步做了许多实验，最能说 DNA 是遗传物质的实验，是噬菌体侵染细菌的实验。

知识小链接

噬　菌　体

噬菌体是感染细菌、真菌、放线菌或螺旋体等微生物的细菌病毒的总称。作为病毒的一种，噬菌体具有病毒特有的一些特性：个体微小；不具有完整的细胞结构；只含有单一核酸。噬菌体基因组含有许多个基因，但所有已知的噬菌体都是在细菌细胞中利用细菌的核糖体、蛋白质合成时所需的各种因子、各种氨基酸和能量产生系统来实现其自身的生长和增殖。一旦离开了宿主细胞，噬菌体既不能生长，也不能复制。

噬菌体是以细菌细胞为寄主的一种低等微生物。它外形有球形、棒形、扁盘形等多种，但其内部结构非常简单——只含DNA。实验中的噬菌体病毒，外形像小蝌蚪，它的外部是蛋白质组成的头膜和尾鞘，头膜内含有DNA，尾鞘上有尾丝、基片和小钩。当这种噬菌体侵染细菌时，先把尾部末端扎在细菌的细胞膜上，然后将噬菌体内的DNA全部注入到细菌细胞中，留在细菌外面的噬菌体外壳就没什么作用了。进入细菌细胞内部的噬菌体DNA，利用细菌细胞的营养物质，迅速复制噬菌的DNA，并在其外合成蛋白质，这样许多与原噬菌体大小形状一样的新的噬菌体便被复制出来。当细菌细胞解体后，这些噬菌体被释放出来，再去侵染其他的细菌细胞。这个实验充分证实，噬菌体的遗传繁殖是通过它体内的DNA进行的，证明了DNA是生物的遗传物质。

拓展阅读

肺炎双球菌

肺炎双球菌菌体是呈矛头状、常成双排列的球菌。直径0.5~1.5微米。革兰氏染色阳性，但老龄菌常呈阴性反应。在机体内形成荚膜，经人工培养后荚膜逐渐消失，菌落由光滑型变为粗糙型。兼性厌氧菌，经常寄居在正常人鼻咽腔中，多数不致病，仅部分具有致病力，引起大叶肺炎、腹膜炎、胸膜炎、中耳炎、乳突炎以及败血症等。

双螺旋结构

现在我们知道了DNA是生物体的遗传物质，那么DNA究竟是什么样子的呢？1953年，美国人沃森和英国人克里克共同提出了DNA分子的双螺旋结构，也正是双螺旋结构的提出，标志着生物科学的发展进入了分子生物学阶段。

假如你要建造一幢房子或一幢办公大楼，就必须准备好一个计划或一份设计图纸，上面规定了施工过程的每一个细节。但是这种计划如果要和造一个人，哪怕是造一只老鼠所需要的计划相比，实在是太简单了。因为要造一个人，你就得为1000亿个细胞以及包括产生新细胞、新生命所必需的一切东西，订出详详细细的计划来，堆放这么多的计划图纸可得要好大一个地方啊！而所有这些复杂事情，DNA似乎都能办到。在细胞核深处的一个小小的分子里面，居然存放得下所有这些图纸。如此多样复杂的生命完全由DNA控制着。如果没有DNA的组织，就根本不会有我们所认识的这个世界。但是，这种有规律而又多种多样的新生命的产生绝不是一次成功的，而是需要每天成百上千万次不断变化才能完成的。那么生命究竟是怎样产生的呢？如此之多的信息又是怎么贮藏在这小小的细胞核里的呢？DNA又是如何为整个生命传递信息的呢？它的结构又是怎样的呢？

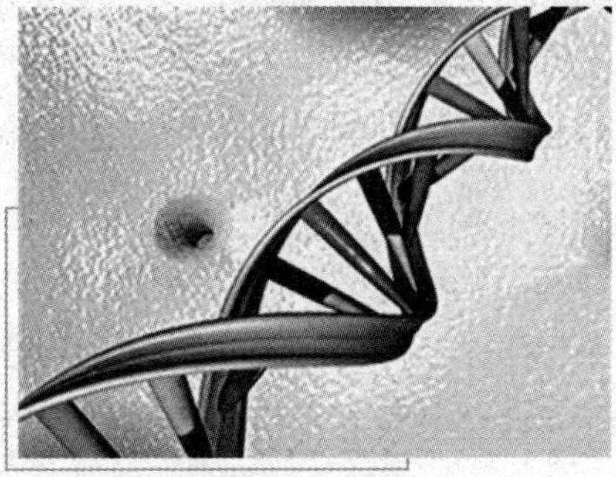

DNA双螺旋结构示意图

当时，世界各国都在研究这个问题，无论英国、美国，科学家们在实验室里运用各种手段对DNA的结构展开了探索和研究。其中最为有名的就是美国芝加哥的詹姆斯·沃森和英国科学家克里克，他们经常和一直在伦敦工作的威尔金斯和富兰克林共同研究和讨论一些问题。威尔金斯和富兰克林有一架放大倍数很高的显微镜，而且还拍摄了一些DNA分子的X光照片。他们那架显微镜当时在剑桥大学是很先进的，它可以把观察物放大20万或30万倍。如果用它观察一只苍蝇，看上去足足有1英里（约1.609千米）长。在这架显微镜里，神秘的细胞活动

克里克

情况看得非常清晰。克里克试图用数学计算方法来解决 DNA 分子结构问题，他整天沉浸于数学公式里，沉默寡言。一天，他在常去的伊尔小酒店吃饭时，感到一阵剧烈的头痛，于是连实验室也没去就回家了。他坐在煤气取暖器旁边什么也没做，过了一会儿又觉得实在无聊，于是他又动手算了起来。不一会儿，他发现问题的答案已经找到了，他是那样的激动，然而这时他又不得不停下来，因为时间到了，他得陪他漂亮的妻子奥迪尔去参加一个品酒晚会。可是晚会并没有他们想象的那样有意思，所以他们便早早地回家了，回家途中克里克又陷入了沉思，他开始考虑这 DNA 分子一定是某种形式的螺旋体，也就是说它是呈一圈一圈盘旋形状的。

就在这个时候，沃森正埋头忙于他的 X 光摄片工作。他一心想要拍摄几张能显示 DNA 结构的片子来。他想，如果能找到一个正确的拍摄角度，使他的片子能显示出分子的结构那该多好啊。在 6 月的一个晚上，沃森打开 X 光摄影机，开始冲洗一张刚从 25° 角拍摄的片子，当他把那张湿淋淋的片子凑到灯前一看，马上发觉自己成功了，螺旋形的线条看得清清楚楚。第二天一大早，沃森便焦急地等待着克里克的到来，当克里克拿起片子看了不到 10 秒钟，就立刻表示完全同意沃森的看法。断定了 DNA 的结构是一个螺旋体以后，紧接着需要解决的问题是，这个螺旋体究竟是由单链或是双链、四链，还是三链构成的呢？为了解决这个问题，他们经历了一段艰苦的历程。

拓展阅读

剑桥大学

剑桥大学位于英格兰的剑桥镇，是英国也是全世界最顶尖的大学之一。英国许多著名的科学家、作家、政治家都来自于这所大学。剑桥大学也是诞生最多诺贝尔奖得主的高等学府，88 名诺贝尔奖获得者曾经在此执教或学习，70 多人是剑桥大学的学生。剑桥大学和牛津大学齐名，为英国的两所最优秀的大学，被合称为“Oxbridge”。剑桥大学还是英国的名校联盟“罗素集团”和欧洲的大学联盟科英布拉集团的成员。

根据当时的材料，他们有充足的理由否定 DNA 分子的单链和四链的螺旋结构，但他们需要根据有力的事实做出是双链还是三链的判断。他们很快建立起了一个三链结构的模型，并自信这个模型的螺旋结构的参数都是符合 DNA 的 X 射线材料所反映的事实的。欣喜之余，他们立即向皇家学院 X 射线衍射小组报告了 DNA 模型的建立。第二天，以威尔金斯为首的一批科学家对模型进行了验证和核实，发现他们对实验数据理解错了，由此否定了他们建立的第一个三链模型。从此以后，他们暂时停止了直接建立 DNA 模型的研究工作。不久，富兰克林拍摄了一张 DNA 纤维 B 型照片，从这张片子上完全可以断定 DNA 的结构是一个螺旋体。所不清楚的只有一个问题，这个螺旋体到底是只有一个螺旋呢，还是像的鲍林所做的那种三螺旋体？沃森想，在自然界，一切最主要的事物，如机体内部的各种器官，甚至细胞内的染色体都是成双成对的，估计 DNA 分子也是一种双链结构。这个分子结构里有糖和磷酸盐，先是糖，后是磷酸盐，像链一样，其次是四种碱基——这是四种名字非常复杂的化学物质，被分别简称为 A、G、C、T。

詹姆斯·沃森

威尔金斯

我们不妨想象一下，许多现代化的建筑为了节省空间都有一个螺旋形的楼梯。而 DNA 中楼梯的支撑就是糖和磷酸盐形成的链：糖—磷酸盐—糖—磷酸盐—糖—磷酸盐。好像一节一节的链一样，然后给它配上碱基，好像给楼梯装上梯级一样。在制作模型的过程中，沃森和克里克发现，他们无法把碱基放到模型中他们任意选择的位置上，这些碱基不得不用一种特殊的方式连在一起。每一个梯级必须由两个碱基组成，问题在于有一部分的“半梯级”是长的，而另外一部分“半梯级”是短的，如果把这两个“长”的半梯级连接起来，那么做出来的梯级就太宽，不适合这个楼梯扶手的两个链之间的空间。在另一头，如果把两个“短”的连接在一起，其结果是梯级又太狭窄，同样无法布满两个扶手之间的空间，可是天然形成的结构从来都是十分合理而完善的。沃森和克里克发现，设计其实也很简单，不管哪个链上的一个“短”碱基总是和另一个链上的“长”碱基连接那样，每一个梯级之间的长度和宽度都彼此完全相等了。所以A（“长”的）必须和T（“短”的）连接，C（“长”的）必须和G（“短”的）连接，这样便能做成一个结构很牢固很平衡的螺旋体。威尔金斯和富兰克林把这个模型和他们所拍摄的X光照片进行比较，结果发现X光照片和模型完全符合。

终于，在1953年4月26日，由四位科学家共同撰写的一篇仅仅只有900字的重要文章发表在《自然》杂志上。文章的第一句是这样说的：“关于脱氧核糖核酸盐类（DNA）的结构我们想提出一个建议。”他们就用这样谦虚的方式向世界宣布了他们已经揭开了生命的最大秘密之一。1962年，沃森、克里克及威尔金斯由于成功地建立了DNA双螺旋结构模型而共同获得了诺贝尔奖。

广角镜

X 光

X光是波长介于紫外线和γ射线之间的电磁辐射，其波长范围在0.01～10纳米之间。由德国物理学家W. K. 伦琴于1895年发现，故又称伦琴射线。X光具有很高的穿透本领，能透过许多对可见光不透明的物质，如墨纸、木料等。这种肉眼看不见的射线可以使很多固体材料发生可见的荧光，使照相底片感光，产生空气电离效应，等等。

而英国著名女科学家富兰克

林却没有得到这样的荣誉。然而人们在 1953 年 4 月 25 日的《自然》杂志上却看到了富兰克林的一篇对 DNA 双螺旋模型热情洋溢的支持性文章。她高尚的科学道德受到后人的赞扬。

四种脱氧核苷酸

脱氧核糖核苷酸是脱氧核糖核酸最小的活性分子，由碱基—脱氧核糖—磷酸构成，而核酸是由 4 种核苷酸通过化学键组成的双螺旋结构，就是通常意义上的 DNA。

脱氧核糖核苷酸的碱基有：腺嘌呤（A）、鸟嘌呤（G）、胞嘧啶（C）和胸腺嘧啶（T）。

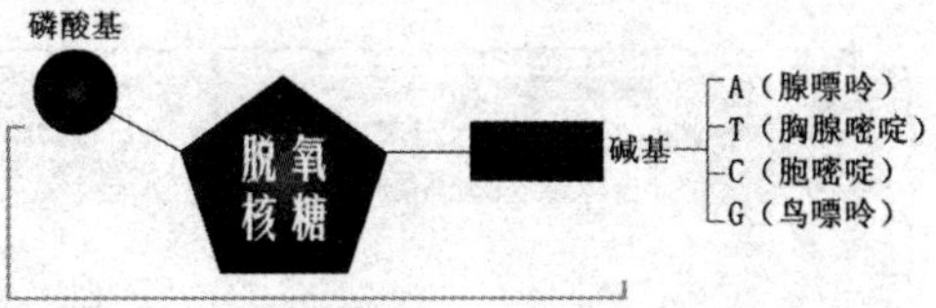

4 种脱氧核苷酸

一个脱氧核苷酸分子由 3 个分子组成：一分子含氮碱基、一分子脱氧核糖、一分子磷酸。脱氧核苷酸是基因的基本结构和功能单位，决定生物多样性的就是脱氧核苷酸中四种碱基（A、G、T、C）的排列顺序不同。

他们的逻辑结构是这样的：

在一个 DNA 很长的分子里，大概有 1 万个“梯级”，在一个人体细胞里的 46 条染色体内或许有 46 万个排列不同的“梯级”，而一个人体的细胞总数大约为 1000 亿个以上。这些“梯级”排列顺序的不同，决定

趣味点击　诺贝尔奖

诺贝尔奖是以瑞典著名化学家、硝化甘油炸药的发明人阿尔弗雷德·贝恩哈德·诺贝尔的部分遗产作为基金创立的。诺贝尔奖分设物理、化学、生理或医学、文学、和平 5 个奖项，以基金每年的利息或投资收益授予前一年世界上在这些领域对人类做出重大贡献的人，1901 年首次颁发。诺贝尔奖包括金质奖章、证书和奖金。

了生物之间惊人的差异，就好像歌曲也仅仅是只用了8个或12个音符谱成，而英语的千千万万个单词也只不过由26个字母组成是一样的道理。所以我们完全有根据说，在DNA螺旋体内，四种“梯级”不同的排列方式使一株花、一只蝴蝶或一个婴儿产生了他们各自所有的一切复杂部分，也正由于这四种“梯级”不同的排列方式，决定了全世界60多亿人口中找不到两个完全一模一样的人。

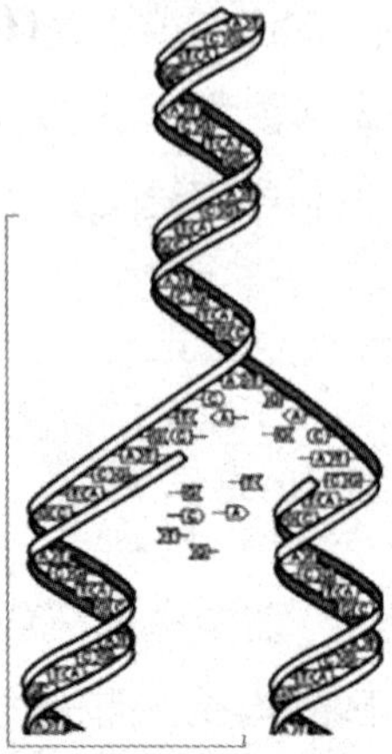

DNA 复制图

知识小链接

磷　酸

磷酸（H_3PO_4），是一种常见的无机酸，是中强酸。将五氧化二磷溶于热水中即可得到。磷酸在工业上用硫酸处理磷灰石即得。磷酸在空气中容易潮解，加热会失水得到焦磷酸，再进一步失水得到偏磷酸。磷酸主要用于生产高浓度磷肥和复合肥料。磷酸还是肥皂、洗涤剂、金属表面处理剂、食品添加剂、饲料添加剂和水处理剂等所用的各种磷酸盐、磷酸酯的原料。

DNA 的复制

DNA 复制是指 DNA 双链在细胞分裂以前进行的复制过程，复制的结果是一条双链变成两条一样的双链（如果复制过程正常的话），每条双链都与原来的双链一样。这个过程通过半保留复制机制得以顺利完成。DNA 复制主要包括引发、延伸、终止三个阶段。

◎引　发

复制的引发阶段包括DNA复制起点双链解开，通过转录激活步骤合成RNA分子，RNA引物的合成，DNA聚合酶将第一个脱氧核苷酸加到引物RNA的3′-OH末端复制引发的关键步骤就是前导链DNA的合成，一旦前导链DNA的聚合作用开始，滞后链上的DNA合成也随着开始，在所有前导链开始聚合之前有一必需的步骤就是由RNA聚合酶（不是引物酶）沿滞后链模板转录一短的RNA分子。在有些DNA复制中，该RNA分子经过加式成为DNA复制的引物。但是，在大部分DNA复制中，该RNA分子没有引物作用。它的作用似乎只是分开两条DNA链，暴露出某些特定序列以便引发体与之结合，在前导链模板DNA上开始合成RNA引物，这个过程称为转录激活，在前导链的复制引发过程中还需要其他一些蛋白质，如大肠杆菌的dnaA蛋白。这两种蛋白质可以和复制起点处DNA上高度保守的4个9bp长的序列结合，其具体功能尚不清楚。可能是这些蛋白质与DNA复制起点结合后能促进DNA聚合酶Ⅲ复合体的7种蛋白质在复制起点处装配成有功能的全酶。DNA复制开始时，DNA螺旋酶首先在复制起点处将双链DNA解开，通过转录激活合成的RNA分子也起分离两条DNA链的作用，然后单链DNA结合蛋白质结合在被解开的链上。由复制因子X（n蛋白）、复制因子Y（n′蛋白）、n″蛋白、i蛋白、dnaB蛋白和dnaC蛋白等6种蛋白质组成的引发前体，在单链DNA结合蛋白的作用下与单链DNA结合生成中间物，这是一种前引发过程。引发前体进一步与引物酶组装成引发体。引发体可以在单链DNA上移动，在dnaB亚基的作用下识别DNA复制起点位置。首先在前导链上由引物酶催化合成一段RNA引物，然后，引发体在滞后链上沿5′→3′方向不停地移动（这是一种相对移动，也可能是滞后链模板在移动，见后），在一定距离上反复合成RNA引物供DNA聚合酶Ⅲ合成冈崎片段使用，引发体中许多蛋白因子的功能尚不清楚。但是，这些成分必须协同工作才能使引发体在滞后链上移动，识别合适的引物合成位置，并将核苷酸在引发位置上聚合成RNA引物。由于引发体在滞后链模板上的移动方向与其合成引物的方向相反，所以在滞后链上所合成的 RNA 引物非常短，一般只有 3～5 个核苷酸长。而且，在同一种生物体细胞中这些引物都具有相似的序列，表明引物酶要在 DNA 滞后链模板上比较特定的位置（序列）上才能合成 RNA 引物。

为什么需要有 RNA 引物来引发 DNA 复制呢？这可能与尽量减少 DNA 复制起始处的突变有关。DNA 复制开始处的几个核苷酸最容易出现差错，因此，用 RNA 引物即使出现差错最后也要被 DNA 聚合酶Ⅰ切除，提高了 DNA 复制的准确性。RNA 引物形成后，由 DNA 聚合酶Ⅲ催化将第一个脱氧核苷酸按碱基互补原则加在 RNA 引物 3′－OH 端而进入 DNA 链的延伸阶段。

拓展阅读

酶

酶，指具有生物催化功能的高分子物质。在酶的催化反应体系中，反应物分子被称为底物，底物通过酶的催化转化为另一种分子。几乎所有的细胞活动进程都需要酶的参与，以提高效率。与其他非生物催化剂相似，酶通过降低化学反应的活化能来加快反应速率，大多数的酶可以将其催化反应的速率提高上百万倍；同样，酶作为催化剂，本身在反应过程中不被消耗，也不影响反应的化学平衡。与其他非生物催化剂不同的是，酶具有高度的专一性，只催化特定的反应或产生特定的构型。目前已知的可以被酶催化的反应约有4000种。

◎延 伸

DNA 新生链的合成由 DNA 聚合酶Ⅲ所催化，然而，DNA 必须由螺旋酶在复制叉处边移动边解开双链。这样就产生了一种拓扑学上的问题：由于 DNA 的解链，在 DNA 双链区势必产生正超螺旋，在环状 DNA 中更为明显，当达到一定程度后就会造成复制叉，难再继续前进，从而终止 DNA 复制。但是，在细胞内 DNA 复制不会因出现拓扑学问题而停止。有两种机制可以防止这种现象发生：（1）DNA 在生物细胞中本身就是超螺旋，当 DNA 解链而产生正超螺旋时，可以被原来存在的负超螺旋所中和；（2）DNA 拓扑异构酶Ⅰ要以打开一条链，使正超螺旋状态转变成松弛状态，而 DNA 拓扑异构酶Ⅱ（旋转酶）可以在 DNA 解链前方不停地继续将负超螺旋引入双链 DNA。这两种机制保证了无论是环状 DNA 还是开环 DNA 的复制顺利地解链，再由 DNA 聚合酶Ⅲ合成新的 DNA 链。前已述及 DNA 生长链的延伸主要由 DNA 聚合酶催化，该酶是由 7 种蛋白质（多肽）组成的聚合体，称为全酶。全酶中所有亚基对完成 DNA 复制都是必需的。α 亚基具有聚合功能和 5′→3′外切酶活性，ε 亚基具有 3′→5′外切酶活性。另外，全酶中还有 ATP 分子，它是 DNA 聚合酶Ⅲ催化第一个脱氧核糖核苷酸连接在 RNA 引物上所必需的，其他亚基的功能尚不清楚。

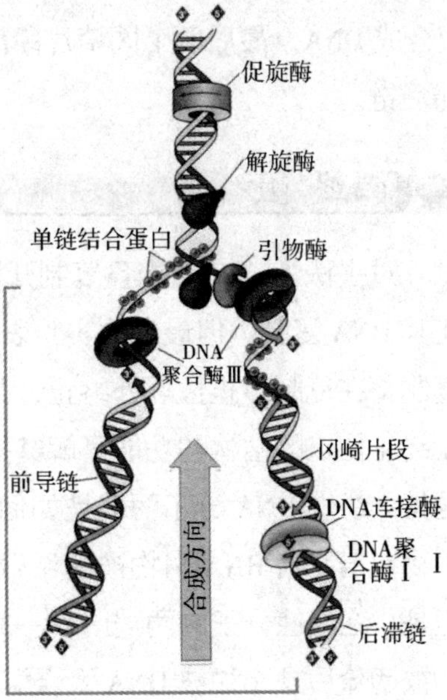

大肠杆菌的复制模型

在 DNA 复制叉处要能由两套 DNA 聚合酶Ⅲ在同一时间分别进行复制 DNA 前导链和滞后链。如果滞后链模板环绕 DNA 聚合酶Ⅲ全酶，并通过 DNA 聚合酶Ⅲ，然后再折向与未解链的双链 DNA 在同一方向上，则滞后链的合成可以和前导链的合成在同一方向上进行。

这样，当 DNA 聚合酶Ⅲ沿着滞后链模板移动时，由特异的引物酶催化合成的 RNA 引物即可以由 DNA 聚合酶Ⅲ所延伸。当合成的 DNA 链到达前一次合成的冈崎片段的位置时，滞后链模板及刚合成的冈崎片断便从 DNA 聚合酶Ⅲ上释放出来。这时，由于复制叉继续向前运动，便产生了又一段单链的滞后链模板，它重新环绕 DNA 聚合酶Ⅲ全酶，并通过 DNA 聚合酶Ⅲ开始合成新的滞后链冈崎片段。通过这样的机制，前导链的合成不会超过滞后链太多（最后只有一个冈崎片段的长度）。而且，这样引发体在 DNA 链上和 DNA 聚合酶Ⅲ以同一速度移动。

按上述 DNA 复制的机制，在复制叉附近，形成了以两套 DNA 聚合酶Ⅲ全酶分子、引发体和螺旋构成的类似核糖体大小的复合体，称为 DNA 复制体。复制体在 DNA 前导链模板和滞后链模板上移动时便合成了连续的 DNA 前导链和由许多冈崎片段组成的滞后链。在 DNA 合成延伸过程中主要是 DNA 聚合酶Ⅲ的作用。当冈崎片段形成后，DNA 聚合酶Ⅰ通过其 5′→3′外切酶活性切除冈崎片段上的 RNA 引物，同时，利用后一个冈崎片段作为引物由 5′→3′合成 DNA。最后两个冈崎片段由 DNA 连接酶将其接起来，形成完整的 DNA 滞后链。

◎终 止

过去认为，DNA 一旦复制开始，就会将该 DNA 分子全部复制完毕，才终止其 DNA 复制。但最近的实验表明，在 DNA 上也存在着复制终止位点，DNA 复制将在复制终止位点处终止，并不一定等全部 DNA 合成完毕。但目前对复制终止位点的结构和功能了解甚少。在 NDA 复制终止阶段令人困惑的一个问题是：线性 DNA 分子两端是如何完成其复制的？已知 DNA 复制都要有 RNA 引物参与。当 RNA 引物被切除后，中间所遗留的间隙由 DNA 聚合Ⅰ所填充。但是，在线性分子的两端以 5′→3′为模板的滞后链的合成，其末端的 RNA 引物被切除后是无法被 DNA 聚合酶所填充的。

在研究 T7DNA 复制时，这个问题部分地得到了解决。T7DNA 两端的 DNA 序列区有 160bp 长的序列完全相同。而且，在 T7DNA 复制时，产生的子代 DNA 分子不是一个单位 T7DNA 长度，而是许多单位长度的 T7DNA 首尾连接在一起。T7DNA 两个子代 DNA 分子都会有一个 3′端单链尾巴，两个子代 DNA 的 3′端尾巴以互补结合形成两个单位 T7DNA 的线性连接。然后由 DNA 聚合酶Ⅰ填充和 DNA 连接酶连接后，继续复制便形成 4 个单位长度的 T7DNA 分子。这样复制下去，便可形成多个单位长度的 T7DNA 分子。这样的 T7DNA 分子可以被特异的内切酶切开，用 DNA 聚合酶填充与亲代 DNA 完全一样的双链 T7DNA 分子。

在研究痘病毒复制时，发现了线性 DNA 分子完成末端复制的第二种方式——痘病毒 DNA 在两端都形成发夹环状结构。DNA 复制时，在线性分子中间的一个复制起点开始，双向进行，将发夹环状结构变成双链环状 DNA。然后，在发夹的中央将不同 DNA 链切开，使 DNA 分子变性，双链分开。这样，在每个分子两端形成一个单链尾端要以自我互补，形成完整的发夹结构，与亲代 DNA 分子一样。在真核生物染色体线性 DNA 分子复制时，尚不清楚末端的复制过程是怎样进行的。也可能像痘病毒那样形成发夹结构而进行复制。但最近的实验表明，真核生物染色体末端 DNA 复制是由一种特殊的酶将一个新的末端 DNA 序列加在刚刚完成复制的 DNA 末端。这种机制首先在四膜虫中发现。该生物细胞的线性 DNA 分子末端有 30～70 拷贝的 5'TTGGGG3'序列，该细胞中存在一种酶可以将 TTGGGG 序列加在事先已存在的单键 DNA 末端的 TTGGGG 序列上。这样有较长的末端单链 DNA，可以被引物酶重新引发或其他的酶蛋白引发而合成 RNA 引物，并由 DNA 聚合酶将其变成双链 DNA。这样就可以避免其 DNA 随着复制的不断进行而逐渐变短。

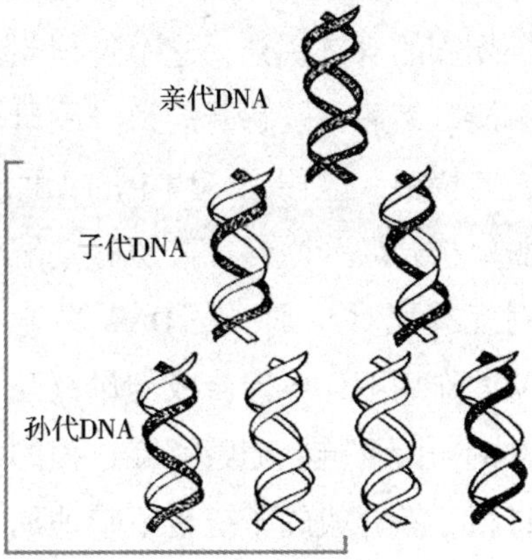

亲代 DNA 复制遗传

知识小链接

蛋白质

蛋白质是生物体中广泛存在的一类生物大分子，由 α－氨基酸按一定顺序结合形成一条多肽链，再由一条或一条以上的多肽链按照其特定方式结合而成的高分子化合物。蛋白质就是构成人体组织器官的支架和主要物质，在人体生命活动中起着重要作用，可以说没有蛋白质就没有生命活动的存在。人们每天的饮食中蛋白质主要存在于瘦肉、蛋类、豆类及鱼类中。

在环状 DNA 的复制的末端终止阶段则不存在上述问题。环状 DNA 复制到最后，由 DNA 拓扑异构酶Ⅱ切开双链 DNA，将两个 DNA 分子分开成为两个完整的与亲代 DNA 分子一样的子代 DNA。

DNA 的复制是一个边解旋边复制的过程。复制开始时，DNA 分子首先利用细胞提供的能量，在解旋酶的作用下，把两条螺旋的双链解开，这个过程叫解旋。然后，以解开的每一段母链为模板，以周围环境中的 4 种脱氧核苷酸为原料，按照碱基配对互补配对原则，在 DNA 聚合酶的作用下，各自合成与母链互补的一段子链。随着解旋过程的进行，新合成的子链也不断地延伸，同时，每条子链与其母链盘绕成双螺旋结构，从而各形成一个新的 DNA 分子。这样，复制结束后，一个 DNA 分子，通过细胞分裂分配到两个子细胞中去。

拓展阅读

螺　旋　酶

螺旋酶是所有生物体维持生命所必需的一类酵素，可分为多种类型。这类酵素是能够依循核酸磷酸双酯骨架的方向性，而往特定方向移动的马达蛋白。移动过程中可将相连的两条核酸长链（如 DNA、RNA 或两者的混合分子）解开，作用时所需能量来自核苷酸水解。螺旋酶可以利用三磷酸腺苷（ATP）或三磷酸鸟苷（GTP）水解产生的能量，将 DNA 双股螺旋或自我黏合的 RNA 分子解开。

“垃圾”DNA

酵母和蠕虫之类的简单生物是如何进化为鸟和哺乳动物这样的复杂生物的呢？一项针对基因组进行的广泛比较研究显示，问题的答案可能就隐藏在生物的垃圾脱氧核糖核酸（DNA）中。美国科学家发现，生物越复杂，其携带的垃圾 DNA 就越多，而恰恰是这些没有编码的“无用”DNA 帮助高等生物进化出了复杂的机体。

自从第一个真核生物（包括从酵母到人类的有细胞核的生物）的基因组被破译以来，科学家一直想知道，为什么生物的大多数 DNA 并没有形成有用的基因。从突变保护到染色体的结构支撑，对于这种所谓的垃圾 DNA 的可能解释有许多种。但是从人类、小鼠和大鼠身上得到的完全一致的关于垃圾 DNA 的研究结果却表明，在这一区域中可能包含有重要的调节机制，从而能够控制基础的生物化学反应和发育进程，这将帮助生物进化出更为复杂的机体。与简单的真核生物相比，复杂生物有更多的基因不会发生突变的事实无疑极大地强化了这一发现。

为了对这一问题有更深的了解，由美国加利福尼亚大学圣塔克鲁斯分校（UCSC）的计算生物学家 David Haussler 领导的一个研究小组，对 5 种脊椎动物——人、小鼠、大鼠、鸡和河豚的垃圾 DNA 序列与 4 种昆虫、两种蠕虫和 7 种酵母的垃圾 DNA 序列进行了比较。研究人员从对比结果中得到了一个惊人的模式：生物越复杂，垃圾 DNA 似乎就越重要。

这其中暗含的可能性在于，如果不同种类的生物具有相同的 DNA，那么这些 DNA 必定是用来解决一些关键性问题的。酵母与脊椎动物共享了一定数量的 DNA，毕竟它们都需要制造蛋白质，但是只有 15% 的共有 DNA 与基因无关。研究小组在《基因组研究》杂志网络版上报告说，他们将酵母与更为复杂的蠕虫进行了比较，后者是一种多细胞生物，发现有 40% 的共有 DNA 没有被编码。随后，研究人员又将脊椎动物与昆虫进行了对比，这些生物比蠕

广角镜

脊椎动物

脊椎动物是指有脊椎骨的动物，是脊索动物的一个亚门。这一类动物一般体形左右对称，全身分为头、躯干、尾三个部分，躯干又被横膈膜分成胸部和腹部，有比较完善的感觉器官、运动器官和高度分化的神经系统。包括鱼类、两栖动物、爬行动物、鸟类和哺乳动物等五大类。

虫更为复杂，结果发现，有超过66%的共有DNA包含没有编码的DNA。

参与该项研究工作的UCSC计算生物学家Adam Siepel指出，有关蠕虫的研究结果需要慎重对待，这是由于科学家仅仅对其中的两个基因组进行了分析。尽管如此，Siepel还是认为，这一发现有力地支持了这样一种理论，即脊椎动物和昆虫的生物复杂性的增加主要是由于基因调节的精细模式。

西雅图华盛顿大学的分子生物学家Philip Green对此表示同意。他说，“这一研究成果令人信服”。但他同时强调，对所有未被生物共享的没有编码的DNA的研究依然没有定论。

重新认识“垃圾DNA”片段

在收集、研究了130个国家的智商测试数据后，英国阿尔斯特大学名誉教授理查德·林恩得出了一个大胆结论：中国人、日本人、朝鲜人拥有全世界最高的智商，平均值为105。作为东亚人当然愿意相信林恩教授的研究结果，但是他的结论却引发了包括种族歧视等话题的争议。

牛津大学的科学家最近发现了一种与细胞分裂密切相关的基因调控机制，这种机制与在细胞核中的某种RNA有关，它的作用以前不为人知。这项发现可能为阻止癌细胞扩增提供启示。

众所周知，RNA在蛋白质

拓展阅读

牛津大学

牛津大学位于英国牛津市，是英语世界中最古老的大学。虽然牛津大学的确切创立日期仍不清楚，但其历史可大约追溯到12世纪末，迄今已有9个世纪。1209年，在牛津学生与镇民的冲突事件过后，一些牛津的学者迁离至东北方的剑桥镇，并成立剑桥大学。自此之后，两所大学彼此之间展开相当悠久的竞争岁月。牛津大学和剑桥大学时常被合称为牛剑，两所大学是英国最古老、最著名的大学。

的合成中扮演了重要的角色，但是科学家们很久以来就知道并不是所有种类的 RNA 都与蛋白质合成直接有关。由英国医学研究理事会（MRC）和 Wellcome 基金会资助的一项研究表明，某一类 RNA 对基因的调控起重要作用。

人类基因组工程确定了大约 3.4 万个与蛋白质制造有关的基因。而其余的基因片段——也就是大多数基因，被认为是由所谓的没有功能的“垃圾”DNA 片段组成的。但是最近几年的研究发现，这些所谓的“垃圾 DNA”产生了大约 50 万种 RNA，只不过这些 RNA 的功能还未被发现。

牛津大学的高级研究员、该研究项目的负责人 Alexandre Akoulitchev 博士说：“在过去几年里，生物学界正在悄悄发生着一场革命，人们对于 RNA 的角色开始有了新的认识。科学家们开始发现这些所谓的‘垃圾 DNA’片段其实极其重要，由它们制造的 RNA 种类、数量非常惊人，它们的潜在意义非同寻常。”

Akoulitchev 研究组特别感兴趣的是 RNA 与一种名为二氢叶酸还原酶基因（DHFR）的调控密切相关，能决定该基因的开合状态。DHFR 基因产生的一种酶能够控制胸腺嘧啶，而胸腺嘧啶对快速分裂的细胞很重要。抑制 DHFR 基因能够有效阻止癌细胞的扩增。

生物学家们在很长一段时间里都认为，既然几乎所有具体的生理机能都要由蛋白质来完成，那么不编码蛋白质的 DNA 应该是没有用的，可以称其为“垃圾 DNA”。

基本小知识

智　商

智商是心理学智力测验术语，即智力商数。智力测验者用以标示智力发展水平，它是依下列公式求得的：智力年龄/实足年龄 ×100 = 智力商数。如果某儿童智龄和实龄相等，依公式计算智商测验等于 100，即标示其智力相当于中等儿童的发展水平。智商测验者将智商在 120 以上的称作“聪明”，在 80 以下的称作“愚蠢”。他们还认为智商基本上是不变的。

到 2009 年，DNA 双螺旋结构向人类展现其本来面目已有 52 年了。似乎人类已经绘出包括自身在内的许多物种的基因组图谱。但《科学世界》杂志却撰文指出，平日充斥于学术论文和新闻媒体的“基因”只是生命之书中一些极小的段落。基因组绝大部分区域仍然潜藏在暗影中，长久以来被人们当成“垃圾”而忽视，只在近年来才露出几缕光芒，显示这个巨大的“垃圾场”可能蕴藏着与其体积相称的宝藏。

以“垃圾”的名义

人类基因组草图绘制完成后，23 对染色体、30 亿个碱基对这样的常识也开始为非专业人士所熟知，人类对自身遗传图谱的认识得到了很大的补充与修正。大概在 2000 年时，科学家还估计人类基因组中约有 10 万个基因，但不出 5 年这一数字已跌到 2 万 ~4 万个，目前一种比较通行的说法是约 2.5 万个。这些基因所包含的 DNA 序列，大概只有人类基因组序列总长的 2%。也就是说，人类生命蓝图中约有 98% 的信息似乎不属于什么基因，是无用的垃圾。然而，什么是基因垃圾呢？

地球上绝大多数生命以 DNA 为遗传物质，另有一些病毒使用 RNA，没有别的方案——为什么是这样？科学家并不知道。他们急于寻找外星生命，哪怕只是细菌也好，一个重要原因就是想看看地球生命使用 DNA 是偶然还是必然。DNA 由 4 种碱基也就是 4 种“字母”组成，分别称为 A、T、C、G。在 RNA 中，字母 T 被换成了 U。整个 DNA 双螺旋就像一条极长的、扭曲的梯子，梯子的两边各是一条由许多字母逐个连接而成的带子，每个字母与对面带子上相应位置的字母结合在一起成为一个梯级，称为“碱基对”。其中，只能 A、T 相互结合以及 C、G 相互结合，所以知道了 DNA 双链中一条的碱基顺序，另一条也就确定了，这两条链是互补的。

生物的遗传信息，就是 DNA 链上这些字母的排列方式。将蓝图转化为实际产品的过程，就是一段 DNA 根据其碱基序列合成出对应的 RNA 序列（转录），然后 RNA 序列信息指导氨基酸拼合形成蛋白质（翻译）的过程。生物体的生理机能，基本上都由蛋白质来完成，比如在血液中运送氧气、进行新陈代谢等等。

可以说，DNA 发出命令，RNA 挥动鞭子，而蛋白质则是卖苦力的牛马。从 DNA 到 RNA 再到蛋白质的这个过程，就是生物学的“中心法则”。

能够最终形成蛋白质或者说“编码某种蛋白质”的这样一段 DNA，就是我们传统意义上所说的“基因”。在人和其他生物体内，这样的基因都只占整个基因组很小的一部分，它们就像宝石一样零星地落在黑沉沉的荒野中。各基因之间是大片大片不能制造蛋白质的 DNA 序列，即“非编码序列”。

除了性细胞，人体每个细胞里都有一整套 DNA，每套 DNA 只有约 2% 的内容有用。在其他哺乳动物体内，比例也大抵如此。有些物种的基因组更加“精练”、垃圾更少，比如鸡的基因组大小只有人类的 1/3、河豚则为人类的 1/10，但它们的基因数量却与人类差不多。也有的更夸张，如洋葱的基因组有人类基因组的 12 倍那么大、阿米巴变形虫的基因组更是比人的基因组大 200 多倍。

人们对“垃圾 DNA”的来源提出了多种解释，比如有一部分垃圾来自病毒。逆转录病毒是一类以 RNA 为遗传物质的病毒，其中我们最熟悉的是艾滋病病毒。它们侵袭宿主细胞时，会把自身的 RNA 转换成 DNA 插入基因组中，并跳来跳去大量复制。从 DNA 到 RNA 的过程叫转录，反过来就叫逆转录，这也是这类病毒名称的由来。逆转录病毒有的会致病，引起艾滋病或癌症等，也有的没有什么影响。在进化历程中，有许多逆转录病毒 DNA 留在了人类基因组里而成为“垃圾”。

基本小知识

艾 滋 病

艾滋病全称获得性免疫缺陷综合征，是一种由人类免疫缺乏病毒的反转录病毒感染后，这种综合征可通过直接接触黏膜组织的口腔、生殖器、肛门等，或带有病毒的血液、精液、阴道分泌液、乳汁而传染，因此不洁性行为、输血、共用针头、毒品的静脉注射都是已知的传染途径，而怀孕的母体亦可借由胎盘或胎儿出生后的哺育动作将病毒传染给新生儿。

还有一些“垃圾”DNA 可能是死亡基因的遗骸，被称为“假基因”。科学家认为，它们原本是编码蛋白质的真基因，由于发生变异而失去功能被弃之不用。它们的序列与真基因非常相似，但有着细微差别，正是这些差别使假基因不能编码蛋白质。去掉假基因不会影响有机体的功能，偶尔某个假基因发生变化、死而复生倒可能造成麻烦。由于假基因的存在不增加甚至减少生物的生存优势，所以进化过程很难把它们从基因组里清除出去，就好像把东西扔到了垃圾桶里却没有人把垃圾桶拿出去清倒，结果在屋子里越积越多一样。假基因在生物基因组中大量存在，人体内就有约 2 万个，几乎与真基因的数量相当。

趣味点击

阿米巴虫

阿米巴虫属肉足鞭毛门、叶足纲、阿米巴目。由于生活环境不同可分为内阿米巴和自由生活阿米巴。前者寄生于人和动物，主要有 4 个属，即内阿米巴属、内蜒属、嗜碘阿米巴属、脆双核阿米巴属；后者生活在水和泥土中，偶尔侵入动物机体，主要有 5 个属，即耐格里属、棘阿米巴属、哈曼属、属和属。

有证据显示，至少一部分垃圾 DNA 很像真正的垃圾，因为动物失去它们之后依然生活得很好。2004 年 10 月，一组美国科学家在《自然》杂志上发表报告说，他们删除了小鼠基因组中超过 100 万个碱基对的非编码 DNA（约占鼠基因组的 1%），但并没有对这些小鼠的发育、寿命和繁殖造成可察觉的影响。在 100 多项评估基因活性的组织测试中，只有两项发现了差异。他们还培育出失去 300 万个碱基对的非编码 DNA 小鼠，也没有发现明显异常。

“垃圾 DNA”不是真正的垃圾

在人类基因组计划实施之前，对于这项人类历史上规模空前的世界性合作研究项目究竟该做些什么，存在一些争议。有一派观点认为，只需要测定编码蛋白质的那些 DNA 序列即可，因为对于 DNA 序列，我们只关心其中与基因相关的部分，而基因的一般定义就是用来编码一个蛋白质的 DNA 序列；另外一派观点认为，既然要测，就应该测定人类染色体内所有的 DNA 序列，不管它是不是跟编码蛋白质有关。这两种观点的差异主要来源于这样一个事实：在一个染色体所包含的完全 DNA 序列当中，编码蛋白质的部分只占非常非常小的分量，而大部分的 DNA 序列其实并不参与编码蛋白质，这样一些 DNA 序列一开始就被称为“垃圾 DNA”，表达了人们对它们的存在价值的基本判断。

这些非编码 DNA，即使我们完全不了解它们的功用，也可以断定它们并不是垃圾，必定有着重要功能，“高度保留共同序列”就属于这一种。2004 年，美国一组科学家在《科学》杂志上发表报告说，他们对比研究了人、大鼠、小鼠、鸡、狗、鱼等多个物种的基因组，发现其中存在一些极其相似乃至完全相同的 DNA 序列。这些序列位于非编码区域中，共有 480 个，在人、大鼠和小鼠身上完全相同，与狗、鸡、鱼对应序列的相似度也远远超过各物种基因组的平均相似度。不过，在海鞘和果蝇体内却找不到这些序列。人们并不知道这些高度保留序列有什么作用，它们在人和鼠身上的版本完全相同，意味着人和鼠的祖先分家之后的 7500 万年间，这些序列没有发生任何改变，这是极其不可思议的。

拓展阅读

大 鼠

大鼠，多种啮齿动物的统称，常指本科多种不相关物种，尤指鼠属。似小鼠而体形较大。也指称常鼠科之其他属乃至其他科的动物。马来西亚的黑鼠和中国的褐鼠已随人类活动散布到世界各地。这两个种均可将疾病传播给人类，如腺鼠疫可由黑家鼠身上的蚤传播。实验室用的大白鼠是褐家鼠的白化变种。

为了防止偶然因素，研究者检查的序列长度都超过了 200 个碱基对。从统计学上来说，这么长的序列因为独立的偶然变异而重复出现 3 次基本上是不可能的。有480个这样的序列重复出现3次，就更不可能了。有不少人根本就怀疑这个试验出了问题，认为人类的DNA污染了鼠的DNA样本。此外，这些序列在人与鱼身上的版本差异很小，即在人和鱼祖先分家后的4亿年里改变甚微。这表明它们的稳定性对脊椎动物至关重要，微小的差异都可能造成致命后果。

科学家们猜测，有些高度保留序列可能影响着重要基因的活动，还有一些则控制着胚胎发育。这些序列彼此差异很大，从中看不出与其功能有关的线索。科学家正考虑培养出缺少某一高度保留序列的转基因小鼠，观察其生长发育有何异样，由此判断该序列的作用。这一发现再次证明，不编码蛋白质，在传统上被认为是垃圾的DNA，绝对不是真正的垃圾。

人们曾经猜想，越复杂的生物基因数量越多，但事实已经推翻了这种观点。如前所述，人类基因数量与鸡和河豚的基因数量相近，而水稻的基因差不多要比人多一倍，阿米巴和洋葱则证明了基因组的总体大小与生物复杂性也全无关系。到底是什么决定了物种之间的根本差异？看来必须把传统的基因与新近被证明是宝藏的“垃圾”结合起来考虑。

天文学家一度认为，那些在电磁波谱的各频段闪耀光芒的星星和尘埃就是这宇宙里的一切。然而，越来越多的证据使他们认识到，宇宙中还有人类所看不见的暗物质和暗能量，而且事实上它们占去了宇宙质量的绝大部分，我们所熟悉的物质只有百分之几。宇宙的终极命运——是永远膨胀还是坍缩成为一个奇点，更多地取决于这些暗影中的神秘质量。对暗物质和暗能量的研究是近年来宇宙学的重大进展，也是一项重大挑战，因为科学家至今也没能对它们的本质给出合理的解释。垃圾DNA可以说是基因组的暗面，它将改变生物学的面貌，就像暗物质和暗能量改变宇宙学的面貌那样。

不过随着研究工作的深入，越来越多的证据表明，那些所谓垃圾DNA实质上包含了非常重要的信息，并不是“垃圾”！因此回顾起来，我们不得不庆幸当时人类基因组项目的负责人最终还是谨慎占据了上风，得以对人类的完全DNA序列进行了测定，从而避免了潜在的重大科学损失。

知识小链接

果蝇

果蝇是果蝇科、果蝇属的昆虫，约1000种。果蝇广泛地存在于全球温带及热带气候区，而且由于其主食为腐烂的水果，因此在人类的栖息地内如果园、菜市场等地区内皆可见其踪迹。除了南北极外，目前至少有1000个以上的果蝇物种被发现，大部分物种以腐烂的水果或植物体为食，少部分则只取用真菌、树液或花粉为其食物。

保守的垃圾

既然编码蛋白质的DNA序列具有如此深厚的含义，那么“垃圾DNA”序列呢？生物学家们从此受到启发，于是把不同物种之间的“垃圾DNA”也拿来做对比，结果是“不比不知道，一比吓一跳”！

有人初步地比较了一下人和老鼠的基因组序列，发现其中所谓垃圾DNA里面，居然有5%的序列是非常保守的，也就是说它们在人和老鼠之间没有太大差异，而如果拿编码蛋白质的DNA序列进行比较的话，人和老鼠之间没怎么变化的序列的分量比“垃圾DNA”还少1～2个百分点，当然在那些保守的“垃圾DNA”里面，包含了部分本来就非常保守的用来编码RNA的序列，不过那个部分所占比例应该不大。

其后又有一组科学家对这个问题进行了更加系统的研究。他们首先通过和老鼠对比，在人的21号染色体上面确定出保守非基因序列（CNGs），严格地从其中排除能够编码已知蛋白质的序列和编码RNA的序列。然后从其中选取220个这样的保守非基因序列，再确定了12种进化关系相距甚远的哺乳动物，包括鸭嘴兽和猴子等。他们运用聚合酶链式反应从这12种哺乳动物的DNA里面寻找那220个保守非基因序列，结果这220个保守非基因序列当中的大多数都至少在一种哺乳动物的DNA序列当中发现，其中超过25%的保守非基因序列在至少10种哺乳动物的DNA序列当中同时发现。

更加令人吃惊的是，这些同时存在于不同哺乳动物DNA序列当中的保守非基因序列的相似性，甚至比同源的编码蛋白质，或者是编码RNA的基因还强。对于其中同时在至少12种物种当中发现的保守非基因序列，如果比较它们的核苷酸排列差异的话，还不及它们的蛋白质编码序列的核苷酸排列差异的一半。最突出的一个例子，是一个包含100个核苷酸的DNA短序列，它在包括人的所有13种哺乳动物之间，只在6个核苷酸的位置上面发生了变异，甚至鸭嘴兽的这个短序列和人的一模一样。

拓展阅读

鸭 嘴 兽

鸭嘴兽是最原始的哺乳动物之一，它的尾巴扁而阔，前、后肢有蹼和爪，适于游泳和掘土。鸭嘴兽穴居在水边，以蠕虫、水生昆虫和蜗牛等为食。繁殖时雌鸭嘴兽每次产两卵，幼兽从母兽腹面濡湿的毛上舔食乳汁。其仅分布于澳大利亚东部约克角至南澳大利亚之间，在塔斯马尼亚岛也有栖息。此外，鸭嘴兽是极少数用毒液自卫的哺乳动物之一，是珍贵的单孔目动物。

这说明这个短序列从鸭嘴兽开始，就一直保留在哺乳动物的遗传信息里面，历经如此多的新物种的发生，它都稳定地没怎么发生变化。一般来说，这样高度的保守性对于编码蛋白质的DNA序列是非常有意义的，因为如果一种蛋白质在所有这些物种当中，都承担了一种基本的共通的生命活性功能，那么它的任何微小的变异，都有可能产生致命的后果，那么在进化产生新物种的同时，必定要求这个序列基本不发生变异地被新物种继承。但是既然那些保守非基因序列没有承担编码蛋白质或RNA的任务，为什么也具有如此高度的保守性呢？

正因为这个问题非常费解，于是有人会自然地怀疑这个实验是不是有可能出现错误，例如在其他物种的DNA里面寻找相同的序列时，有没有可能由于样品发生污染，而使得该物种本来没有的序列被混进去呢？这点也是实验者自己最为关注的问题，因此他们采取了一切最严格的措施，以避免这样的错误发生。另外，还存在一个外部证据，表明他们如此惊人的实验结果应该是没有错误的，即除了他们所选择的12种哺乳动物之外，另外一家研究机构公布了他们独立完成的对于狗的类似研究，而把这个狗的数据拿来比较的话，得到的结论是一致的。这样，就可以基本排除对于实验本身出错的担心。

由于他们选取的哺乳动物包括了非常原始的单孔目动物和最先进的人，这意味着这些序列一定经历了大概3亿年之久而没有发生太大的变异，这种保守性提示了它们一定具有对于该物种来说非常重要的作用，否则，发生在这些序列当中的随机变异在这么长久的历史当中一定有所积累才对，但现在既然看不到这种积累，就只能说明它们的变异有可能影响物种的生存机会。一般的估计是，这些曾经被视为垃圾的DNA序列，对于基因的表达具有调节控制作用，当然，这样的猜测还需要未来大量的实验去揭示和验证。

研究人员进一步估计，在人的整个DNA序列里面，大概存在6万个这样的保守非基因序列，相形之下，人所拥有的基因数目，也就是在整个DNA序列里面，编码蛋白质的序列单位，只有大约3万个。因此，尽管目前人们把目光主要集中在那3万个基因序列上面，但谁也不敢预测，当那6万个保守非基因序列打破沉默，向我们表述它们的无名功能的时候，我们会感受到多大的震撼！至少现在，已经有越来越多的人相信“垃圾DNA”绝对不是垃圾了。

基本小知识

哺乳动物

哺乳动物是指脊椎动物亚门下哺乳纲的一类用肺呼吸空气的温血脊椎动物，因能通过乳腺分泌乳汁来给幼体哺乳而得名。哺乳动物的身体结构复杂，有区别于其他类群的大脑结构、恒温系统和循环系统，具有为后代哺乳、大多数属于胎生、具有毛囊和汗腺等共通的外在特征。他们外形多样，小至体长30毫米长有翅膀的凹脸蝠，大至体长33米形同鱼类的蓝鲸，它们有很好的环境适应能力，分布在从海洋到高山，从热带到极地的广泛区域。人类也是哺乳动物的一员。

“滴血认亲”是真的吗?

古代讲的滴血认亲，就是小孩的血跟大人的血如能够融在一块，就是父母亲生的，否则就不是。据了解，我国宋代的法医著作里面就记载了古老的亲子认定办法。进入现代社会，滴血认亲这个老办法肯定用不上了。其实这种方法没有任何科学依据。而在这种鉴定过程中，亲子关系的血液不一定能融合，而不是亲子关系的血液常常能融合，因为只要血型相同，血液就能融合到一起。

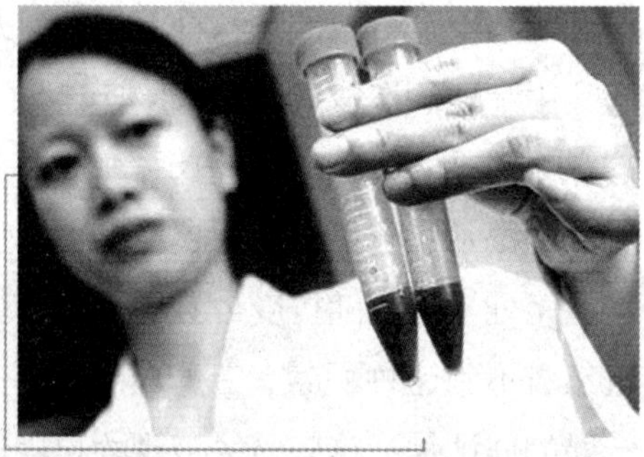

亲子鉴定

现代的“滴血认亲”就要依靠DNA亲子鉴定技术了。

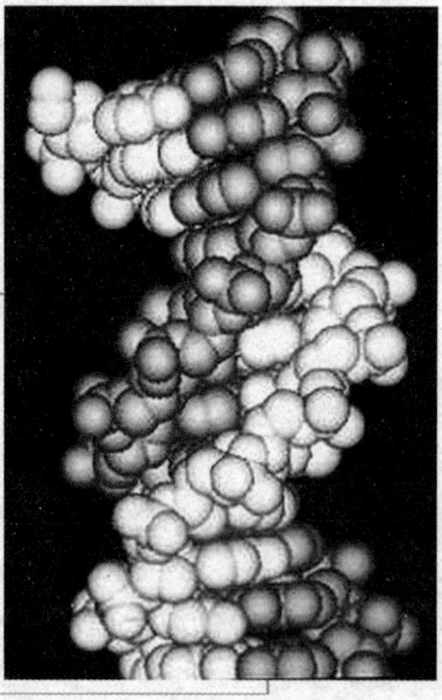

23 对染色体

通过遗传标记的检验与分析来判断父母与子女是否亲生关系，称之为亲子试验或亲子鉴定。DNA是人体遗传的基本载体，人类的染色体是由DNA构成的，每个人体细胞有23对（46条）成对的染色体，其分别来自父亲和母亲。夫妻之间各自提供的23条染色体，在受精后相互配对，构成了23对（46条）孩子的染色体。如此循环往复构成生命的延续。

由于人体约有30亿个核苷酸构成整个染色体系统，而且在生殖细胞形成前的互换和组合是随机的，所以世界上没有任何两个人具有完全相同的30亿个核苷酸的组成序列，这就是人的遗传多态性。尽管遗传多态性的存在，但每一个人的染色体必然也只能来自其父母，这就是DNA亲子鉴定的理论基础。

传统的血清方法能检测红细胞血型、白细胞血型、血清型和红细胞酶型等，这些遗传学标志为蛋白质（包括糖蛋白）或多肽，容易失活而导致检材得不到理想的检验结果。此外，这些遗传标志均为基因编码的产物，多态信息含量（PIC）有限，不能反映DNA编码区的多态性，且这些遗传标志存在生理性、病理性变异（如A型、O型血的人受大肠杆菌感染后，B抗原可能呈阳性），因此，其应用价值有限。

拓展阅读

O 型 血

O型血常见血型一种，是指血中既不含A抗原又不含B抗原的血。O型血的历史最为悠久，它大约出现于公元前6万~4万年之间。O型血的人有着特有的性格、气质等。O型曾被称作万能输血者，但因O型血清中有抗A、抗B凝集素，可引起受血人的红细胞溶血。

DNA检验可弥补血清学方法的不足，故受到了法医物证学工作者的高度关注，近几年来，人类基因组研究的进展日新月异，而分子生物学技术也不断完善，随着基因组研究向各学科的不断渗透，这些学科的进展达到了前所未有的高度。在法医学上，STR位点和单核苷酸（SNP）位点检测分别是第二代、第三代DNA分析技术的核心，是继RFLPs（限制性片段长度多态性）、VNTRs（可变数量串联重复序列多态性）研究而发展起来的检测技术。作为最前沿

你知道吗

什么是白细胞？

白血球作为免疫系统的一部分帮助身体抵抗传染病以及外来的东西，在机体发生炎症或其他疾病时，血液内的白血球总数或细胞分类百分比可有变化。正常情况下白血球在健康成人体内为$4\times10^9\sim11\times10^9$/每升血液。除了在血液外，白血球还存在于淋巴系统、脾以及身体的其他组织中。

的刑事生物技术，DNA 分析为法医物证检验提供了科学、可靠和快捷的手段，使物证鉴定从个体排除过渡到了可以做同一认定的水平，DNA 检验能直接认定犯罪，为凶杀案、强奸杀人案、碎尸案、强奸致孕案等重大疑难案件的侦破提供准确可靠的依据。随着 DNA 技术的发展和应用，DNA 标志系统的检测将成为破案的重要手段和途径。此方法作为亲子鉴定已经是非常成熟的，也是国际上公认的最好的一种方法。

人类指纹图的妙用

指纹是人类手指末端指腹上由凹凸的皮肤所形成的纹路。指纹能使手在接触物件时增加摩擦力，从而更容易发力及抓紧物件。是人类进化过程式中自然形成的。目前尚未发现有不同的人拥有相同的指纹，所以每个人的指纹也是独一无二的。指纹受遗传影响，由于每个人的遗传基因均不同，所以指纹也不同。然而，指纹的形成虽然主要受到遗传影响，但也有环境因素，当胎儿在母体内发育 3 ~4 个月时，指纹就已经形成，但儿童在成长期间指纹会略有改变，直到青春期 14 岁左右时才会定型。在皮肤发育过程中，虽然表皮、真皮以及基质层都在共同成长，但柔软的皮下组织长得比相对坚硬的表皮快，因此会对表皮产生源源不断的上顶压力，迫使长得较慢的表皮向内层组织收缩塌陷，逐渐变弯打皱，以减轻皮下组织施加给它的压力。如此一来，一方面使劲向上攻，一方面被迫往下撤，导致表皮长得曲曲弯弯、坑洼不平，形成纹路。这种变弯打皱的过程随着内层组织产生的上层压力的变化而波动起伏，形成凹凸不平的脊纹或皱褶，直到发育过程终止，最终定型为至死不

指　纹

变的指纹。有人说骨髓移植后指纹会改变，那是不对的。除非是植皮或者深达基底层的损伤，否则指纹是不会变的。

指纹，由于其具有终身不变性、唯一性和方便性，已几乎成为生物特征识别的代名词。由于每个人的指纹不同，就是同一人的十指之间，指纹也有明显区别，因此指纹可用于身份鉴定。其实，我国古代早就利用指纹（手印）来签押。1684 年，植物形态学家 Grew 发表了第一篇研究指纹的科学论文。1809 年 Bewick 把自己的指纹作为了商标。1823 年解剖学家 Purkije 将指纹分为九类。1880 年，Faulds 在《自然》杂志提倡将指纹用于识别罪犯。1891 年 Galton 提出著名的高尔顿分类系统。之后，英国、美国、德国等的警察部门先后采用指纹鉴别法作为身份鉴定的主要方法。随着计算机和信息技术的发展，FBI 和法国巴黎警察局于 20 世纪 60 年代开始研究开发指纹自动识别系统（AFIS）用于刑事案件侦破。目前，世界各地的警察局已经广泛采用了指纹自动识别系统。20 世纪 90 年代，用于个人身份鉴定的自动指纹识别系统得到开发和应用。

现在的计算机应用中，包括许多非常机密的文件保护，大都使用“用户 ID + 密码”的方法来进行用户的身份认证和访问控制。但是，如果一旦密码忘记，或被别人窃取，计算机系统以及文件的安全问题就受到了威胁。

随着科技的进步，指纹识别技术已经开始慢慢进入计算机世界中。目前许多公司和研究机构都在指纹识别技术领域取得了很大突破性进展，推出许多指纹识别与传统 IT 技术完美结合的应用产品，这些产品

趣味点击　联邦调查局

美国联邦调查局，是世界著名的美国最重要的情报机构之一，隶属于美国司法部，英文全称 Federal Bureau of Investigation，英文缩写 FBI。“FBI”也不仅是美国联邦调查局的缩写，还代表着该局坚持贯彻的信条——忠诚 Fidelity、勇敢 Bravery 和正直 Integrity。美国联邦调查局根据职能和授权，广泛参与国内外重大特工案件调查，现有的调查司法权已经超过 200 种联邦罪行。FBI 在北京（美驻华大使馆）等世界各地设有办事处。

已经被越来越多的用户所认可。指纹识别技术多用于对安全性要求比较高的商务领域，而在商务移动办公领域颇具建树的富士通、三星及 IBM 等国际知名品牌都拥有技术与应用较为成熟的指纹识别系统，下面就对指纹识别系统在笔记本电脑中的应用进行简单介绍。

众所周知，在两年前就有部分品牌的笔记本采用指纹识别技术用于用户登录时的身份鉴定，但是，当时推出的指纹系统属于光学识别系统，按照现在的说法，应该属于第一代指纹识别技术。光学指纹识别系统由于光不能穿透皮肤表层（死性皮肤层），所以只能够扫描手指皮肤的表面，或者扫描到死性皮肤层，但不能深入真皮层。

指纹考勤机

在这种情况下，手指表面的干净程度，直接影响到识别的效果。如果，用户手指上粘了较多的灰尘，可能就会出现识别出错的情况。并且，如果人们按照手指，做一个指纹手模，也可能通过识别系统，对于用户而言，使用起来不是很安全和稳定。

发展到今天，富士通和 IBM 等国际领先品牌的笔记本电脑开始采用第二代指纹识别系统，改变以前指纹识别容易出错和不稳定的缺点。新一代的指纹系统采用了电容传感器技术，并采用了小信号来创建山脉状指纹图像的半导体设备。指纹识别器的电容传感器发出电子信号，电子信号将穿过手指的表面和死性皮肤层，而达到手指皮肤的活体层（真皮层），直接读取指纹图案，从而大大提高了系统的安全性。

基因与克隆技术

ZAOFU RENLEI DE JIYIN GONGCHENG

一个细菌经过20分钟左右就可一分为二；一根葡萄枝切成10段就可能变成10株葡萄；仙人掌切成几块，每块落地就生根；一株草莓依靠它沿地“爬走”的匍匐茎，一年内就能长出数百株草莓苗……凡此种种，都是生物靠自身的一分为二或自身的一小部分的扩大来繁衍后代，这就是无性繁殖。

克隆技术会给人类带来极大的好处，它对于研究癌生物学、研究免疫学、研究人的寿命等都有不可低估的作用。有人在考虑，是否可用自己的细胞克隆成一个胚胎，在其成形前就冰冻起来。在将来的某一天，自身的某个器官出了问题时，就可从胚胎中取出这个器官进行培养，然后替换自己病变的器官。这也就是用克隆法为人类自身提供“配件”。但是，克隆人的利与弊，一直成为全世界科学家争论的焦点。有关克隆人的讨论提醒人们，科技进步是一首悲喜交加的进行曲。

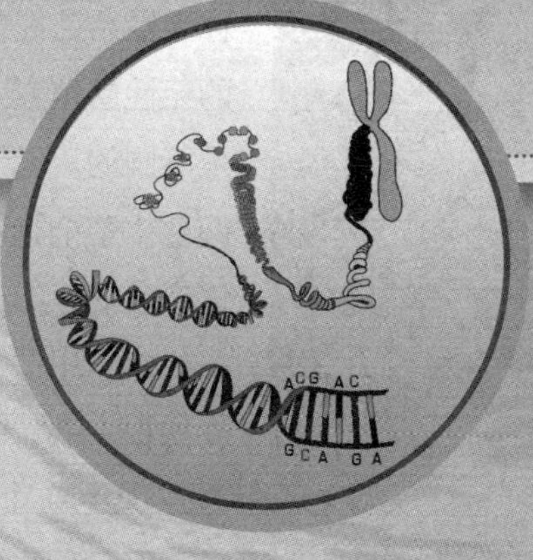

什么是克隆?

克隆是英文“clone”一词的音译，在港澳台地区一般意译为复制或转殖，是利用生物技术由无性生殖产生与原个体有完全相同基因组之后代的过程。科学家把人工遗传操作动物繁殖的过程叫克隆，这门生物技术叫克隆技术，其本身的含义是无性繁殖，即由同一个祖先细胞分裂繁殖而形成的纯细胞系，该细胞系中每个细胞的基因彼此相同。克隆通常是一种人工诱导的无性生殖方式或者自然的无性生殖方式（如植物）。一个克隆就是一个多细胞生物在遗传上与另外一种生物完全一样。克隆可以是自然克隆，例如由无性生殖或是由于偶然的原因产生两个遗传上完全一样的个体（就像同卵双生一样）。但是我们通常所说的克隆是指通过有意识的设计来产生的完全一样的复制。

孙悟空的猴子猴孙

时至今日，克隆的含义已不仅仅是“无性繁殖”，凡是来自同一个祖先，无性繁殖出的一群个体，也叫克隆。这种来自同一个祖先的无性繁殖的后代群体也叫“无性繁殖系”，简称无性系。简单讲就是一种人工诱导的无性繁殖方式。但克隆与无性繁殖是不同的。无性繁殖是指不经过雌雄两性生殖细胞的结合，只由一个生物体产生后代的生殖方式，常见的有孢子生殖、出芽生殖和分裂生殖。由植物的根、茎、叶等经过压条或嫁接等方式产生新个体也叫无性繁殖。绵羊、猴子和牛等动物没有人工操作是不能进行无性繁殖的。关于克隆的设想，我国明代的大作家吴承恩已有精彩的描述：孙悟空经常在紧要关头拔一把猴毛变出一大群猴子，这当然是神话，但用今天的科学名词来讲就是孙悟空能迅速地克隆自己。从理论上讲，猴子毛含全部脱氧核糖核酸序列，也就是可以克隆，但是事实上，我们的技术没有先进到这样的地步。

目前克隆技术的基本过程是先将含有遗传物质的供体细胞的核移植到去除了细胞核的卵细胞中，利用微电流刺激等使两者融合为一体，然后促使这一新细胞分裂繁殖发育成胚胎，当胚胎发育到一定程度后，再被植入动物子宫中使动物怀孕，便可产下与提供细胞者基因相同的动物。这一过程中如果对供体细胞进行基因改造，那么无性繁殖的动物后代基因就会发生相同的变化。

克隆技术不需要雌雄交配，不需要精子和卵子的结合，只需从动物身上提取一个单细胞，用人工的方法将其培养成胚胎，再将胚胎植入雌性动物体内，就可孕育出新的个体。这种以单细胞培养出来的克隆动物，具有与单细胞供体完全相同的特征，是单细胞供体的“复制品”。英国英格兰科学家和美国俄勒冈科学家先后培养出了“克隆羊”和“克隆猴”，克隆技术的成功，被人们称为“历史性的事件，科学的创举”。有人甚至认为，克隆技术可以同当年原子弹的问世相提并论。

在生物学上，克隆通常用在两个方面：克隆一个基因或克隆一个物种。克隆一个基因是指从一个个体中获取一段基因（例如通过 PCR 的方法），然后将其插入。另外在动物界也有无性繁殖，不过多见于非脊椎动物，如原生动物的分裂繁殖、尾索类动物的出芽生殖等。但对于高级动物，在自然条件下，一般只能进

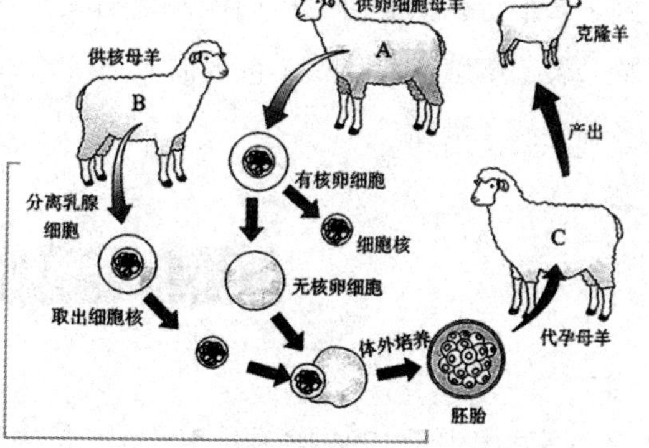

克隆羊的过程

行有性繁殖，所以要使其进行无性繁殖，科学家必须经过一系列复杂的操作程序。在20世纪50年代，科学家成功地无性繁殖出一种两栖动物——非洲爪蟾，揭开了细胞生物学的新篇章。

英国和我国等国在20世纪80年代后期先后利用胚胎细胞作为供体，克隆出了哺乳动物。到20世纪90年代中期，我国已用此种方法克隆了老鼠、兔子、山羊、牛、猪5种哺乳动物。

1996年7月5日克隆出一只基因结构与供体完全相同的小羊“多莉（Dolly）”，世界舆论为之哗然。多莉的特别之处在于它的生命的诞生没有精子的参与。研究人员先将一个绵羊卵细胞中的遗传物质吸出去，使其变成空壳，然后从一只6岁的母羊身上取出一个乳腺细胞，将其中的遗传物质注入卵细胞空壳中。这样就得到了一个含有新的遗传物质但却没有受过精的卵细胞。这一经过改造的卵细胞分裂、增殖形成胚胎，再被植入另一只母羊子宫内，随着母羊的成功分娩，多莉来到了世界。

你知道吗

什么是原生动物？

原生动物是原生生物当中较接近动物的一类，简称原虫。由单细胞所组成，异养生活，能够运动。但是有些物种介于植物和动物之间，如眼虫，因为它们能进行光合作用；它们又能运动，并像真正的动物那样进食。动物中排除原生动物，剩下的多细胞动物被称为后生动物。后生动物中有了组织分化的被称为真后生动物。原生动物很微小，一般只能通过显微镜才能看到。但在马里亚纳海沟发现的一类阿米巴虫，可以达到20厘米直径。经记录的原生动物约有50000种，其中大约有20000种为化石种。

小羊多莉的烦恼

多莉出生于1996年7月5日，它是由英国爱丁堡罗斯林研究所的科学家们克隆出来的。多莉妊娠了148天，出生时体重为6.6千克。在2003年2月

14 日，多莉因患肺病而接受“安乐死”，最终只活了 6 岁半。普通的羊一般可以活 12 年左右，为什么多莉会如此命短呢？

我们先看看多莉是如何出生的吧！

多莉出世历经曲折。在培育多莉羊的过程中，科学家采用体细胞克隆技术，主要分四个步骤进行：步骤一，从一只 6 岁芬兰多塞特白面母绵羊（姑且称为 A）的乳腺中取出乳腺细胞，将其放入低浓度的营养培养液中，细胞逐渐停止分裂，此细胞称之为“供体细胞”。步骤二，从一头苏格兰黑面母绵羊（B）的卵巢中取出未受精的卵细胞，并立即将细胞核除去，留下一个无核的卵细胞，此细胞称之为“受体细胞”。步骤三，利用电脉冲方法，使供体细胞和受体细胞融合，最后形成“融合细胞”。电脉冲可以产生类似于自然受精过程中的一系列反应，使融合细胞也能像受精卵一样进行细胞分裂、分化，从而形成“胚胎细胞”。步骤四，将胚胎细胞转移到另一只苏格兰黑面母绵羊（C）的子宫内，胚胎细胞进一步分化和发育，最后形成小绵羊——多莉。换言之，多莉有 3 个母亲：它的“基因母亲”是芬兰多塞特白面母绵羊（A）；科学家取这头绵羊的乳腺细胞，将其细胞核移植到第二个母亲（借卵母亲）——一个剔除细胞核的苏格兰黑脸羊（B）的卵子中，使之融合、分裂、发育成胚胎；然后移植到第三头羊（C）——“代孕母亲”子宫内发育形成多莉。

从理论上讲，多莉继承了提供体细胞的那只绵羊（A）的遗传特征，它是一只白脸羊，而不是黑脸羊。分子生物学的测定也表明，它与提供细胞核的那头羊，有完全相同的遗传物质（确切地说，是完全相同的细胞核遗传物质，还有极少量的遗传物质存在于细胞质的线粒体中，遗传自提供卵母细胞的受体），它们就像是一对隔了 6 年的双胞胎。

克隆羊多莉

多莉出世之后，享尽了“羊间”荣华富贵。

1998 年和 1999 年是多莉最幸福的两

多莉和她的孩子

年，它不仅继续享受作为首只克隆羊应享有的超级待遇，还与一只名叫戴维的威尔士山羊“喜结良缘”，于1998年4月13日凌晨4时生下一只雌性的体重2.7千克的小羊羔，取名“邦妮”。1999年，多莉一家又迎来了3个可爱的羊宝宝。那时，已经是4个孩子母亲的多莉显得富态而慈祥。

幸福生活刚刚开始，糟糕的消息便传来：罗斯林研究所的科学家1999年宣布，他们发现多莉体内细胞开始显露老年动物所特有的征候。论自然年龄，多莉当时刚刚三四岁，尚在“而立之年”。作为克隆技术及其应用的象征，多莉带来争论，也留下谜团。其中，最大的一个谜就是：克隆动物是否早衰？

据罗斯林研究所透露，在对多莉实施安乐死之前，多莉已经不停地咳嗽了一个多星期。2003年2月14日，经兽医诊断，多莉患有严重的进行性肺病。所谓“进行性疾病”是指病情不断发展恶化，生命危在旦夕。鉴于这种情况，研究所决定为多莉实施“安乐死”。他们实在不忍眼睁睁地看着多莉郁郁而终，希望这只曾经享受过生命的快乐，并且为全世界带来过无数惊喜的可爱的小绵羊，平静安详地离去。

一般情况下，绵羊的寿命可

拓展阅读

体　细　胞

体细胞是相对于生殖细胞的概念。这类细胞的遗传信息不会像生殖细胞那样遗传给下一代。高等生物的细胞大部分都是体细胞，除了精子和卵细胞以及它们的母细胞之外。体细胞产生的突变不会对下一代产生影响。体细胞的染色体数是经减数分裂得出的生殖细胞的两倍。例如人类，体细胞是双倍体，而精子卵子则是单倍体。

以长达 12 年，从理论上讲，克隆羊多莉只活到了普通羊的一半，但是它已经患多种慢性疾病，包括风湿、早衰以及逐渐恶化的肺病。

曾经在我国率先克隆出第一头克隆牛的中国农业大学教授陈永福说："生命的长短取决于染色体分裂次数，多莉羊之所以 6 岁多就出现早衰症状，那是因为它的遗传物质取自一头六七岁的绵羊。按普通绵羊十一二岁的寿命，这头绵羊体细胞中的染色体已经分裂了六七年，因此，它们在多莉羊体内当然也只能再持续分裂六七年，这说明克隆技术无法让细胞'返老还童'。"

基本小知识

细胞质

细胞质是一种使细胞充满的凝胶状物质。细胞质包含有胞质溶胶及除细胞核外的细胞器。原生质是由水、盐、有机分子及各种催化反应的酶所组成。细胞质在细胞内有着重要的角色，就是用作"分子液"，使各种细胞器能在其中悬浮及透过脂肪膜聚集在一起。它在细胞膜内包围着细胞核及细胞器。

植物"试管婴儿"

提起"试管婴儿"，人们想到的就是试管受精，这在动物和人上都有大量成功的事例，可植物的"试管婴儿"是什么呢？其实就是"人工种子"。

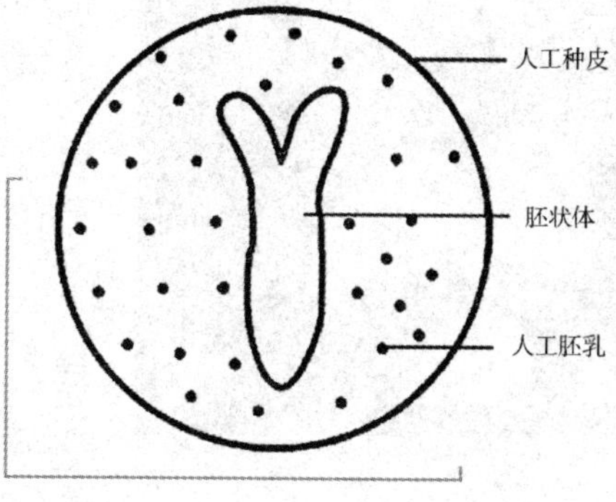

人工种子

"春种一粒粟，秋收万颗子。"自古以来，人们播种习惯上都用天然种子。可是，种子不仅繁殖周期长，而且常常因减数分裂引起遗传重组，使植物的优良性状不稳定，出现品种退化、品质变劣等现象。另外，有一些植物的种子还十分难得。

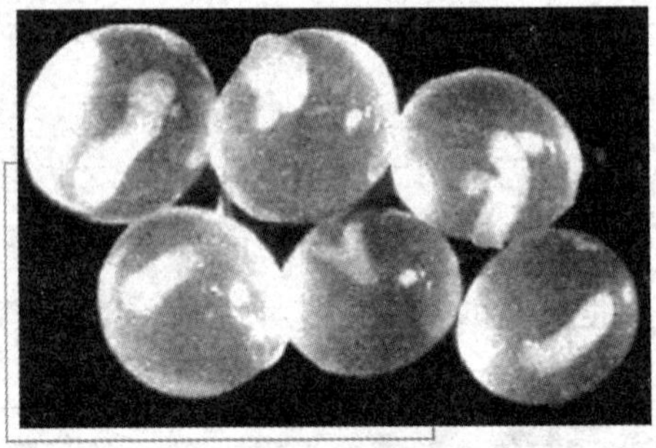
人工种子模式

细胞工程技术的开展，为作物的育种与繁殖提供了不少新的技术手段。在离体培养条件下，植物学家们已可使植物的一个芽、一小块茎、一小块叶甚至一个细胞再生成为小植株；在实验室里，一年四季可生产出成千上万的试管植物来。在植物细胞工程技术的基础上，1978 年，美国植物学家穆拉希格又提出了一个新的想法，用试管培养出来的芽或胚状体（一种类似于自然种子的胚，有根和芽的结构），包以胶囊，使之保持种子的机能，以代替自然种子而用于田间播种的“人工种子”模式。

人工种子，又称合成种子或体细胞种子，是将植物立体培养产生的体细胞胚包埋在含有营养成分和保护功能的物质中，在适宜的条件下发芽出苗。人工种子的概念首先是 1978 年由 Murashige 在第四届国际植物组织细胞培养大会上提出的。他认为随着组织培养技术的不断发展，可以用少量的外植体同步培养出众多的胚状体，这些胚状体被包埋在某种胶囊内使其具有种子的功能，可以直接用于田间播种。

人工种子培育的番茄

日本学者 Kamada 1985 年首先将人工种子的概念延伸，认为使用适当的方法包埋组织培养所获得的具有发育成完整植株的分生组织（芽，愈伤组织，胚状体和生长点等），可取代天然种子播种的颗粒体均为人工种子。

中国科学家陈正华等将人工种子的概念进一步扩展为：任何一种繁殖体，无论是涂膜胶囊中包埋的、裸露的或经过干燥的，只要能够发育成完整植株的均可称之为人工种子。

人工种子充分利用了快繁技术的优势，又吸收了对植物生长发育和农业生物技术研究的先进成果。具有以下优点：（1）繁殖速度快。人工种子中的体细胞胚是通过组织培养法生产的，故能以很快的速度繁殖生产体细胞胚。人工种子的包裹层是通过化学方法生产的，不存在生物生产的任何限制；（2）可望获得整齐一致的植物苗，有利于农业生产的规范化、标准化和机械化管理，不存在任何遗传变异问题；（3）缩短育种周期，加速良种繁育速度；（4）具备天然种子不具备的功能，具有特殊价值；（5）便于贮藏和运输，适合机械化播种。

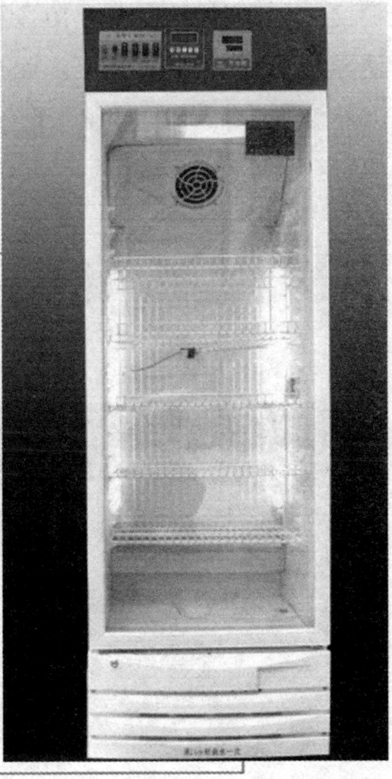

人工种子培养箱

但是目前人工种子的研究才刚刚起步，距离实际应用还有不

广角镜

莴苣

莴苣，又名春菜、鹅仔菜、生菜、莴仔菜，是菊科莴苣属之一年生或二年生蔬菜。莴苣的茎不开花时很短，开花时茎伸长并分叉，每个叉的顶端有许多小的蒲公英似的花，但比蒲公英的花小。食用的莴苣在开花前就收割了。有一类变异的莴苣颜色是紫色的。它是一种很常见的食用蔬菜，中国、日本等国的人往往煮熟后食用，在西方文化中人们往往放在沙律、汉堡包等食品中生食。在香港，为了跟西生菜区分，莴苣又称为唐生菜。

小的距离。尽管科学家们在实验室中已获得了包括芹菜、莴苣、胡萝卜、花椰菜、水稻和橡胶在内的10余种植物的人工种子，但许多植物还不能成功地诱导出高质量的胚状体来。此外，现有的人工种皮和人工胚乳也不够理想，尤其是不能有效地抵御微生物的侵袭。人工种子的贮藏特性也有待于进一步改善。

人类都克隆了什么？

克隆鼠卡缪丽娜

从20世纪60年代开始，人类就开始尝试克隆技术了。1962年，科学家尝试克隆蛙，但没有成功。1963年，中国科学家童第周通过将一只雄性鲤鱼DNA插入来自雌性鲤鱼的卵成功地克隆了一只雌性鲤鱼，比多利羊的克隆早了33年。但由于相关论文是发表在一本中文科学期刊，并没有翻译成英文，所以并不为国际上所知晓。在20世纪90年代中期，我国科学家运用胚胎细胞作为供体，成功地克隆了老鼠、兔子、山羊、牛和猪5种哺乳动物。严格来讲，这些都不能算是真正的“无性繁殖”，它们的遗传基因来自胚胎，且都是用胚胎细胞进行的核移植，胚胎细胞本身就是通过有性繁殖的，其细胞核中的基因组一半来自父本，一半来自母本。直到1996年多莉的问

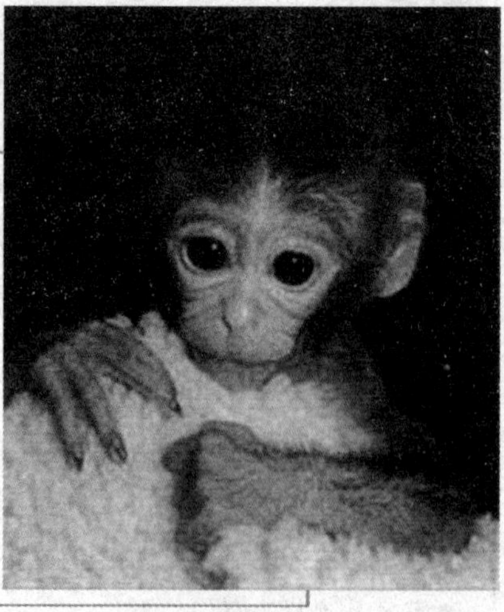

克隆猴泰特拉二世

世，人类真正实现了无性繁殖。多莉的诞生确实震惊了世界。

此后，人类开始在动物身上广泛地运用克隆技术。

美国夏威夷大学主导的国际研究小组于1997—1998年成功培育出三代共50多只克隆鼠。其中，第一只克隆鼠“卡缪丽娜”的诞生时间为1997年10月3日。

1999年，俄勒冈地区灵长类动物研究中心的科学家将恒河猴的八细胞晶胚分离成四组相同的两细胞晶胚，再将培育的胚胎植入代孕母亲体内，后来有4只猴子成功受孕，但只有一个平安降生，她就是泰特拉二世。

2002年年初，美国得克萨斯州A&M大学科学家培育出世界上第一只克隆猫“CC”，CC出生时极有活力，看起来完全正常，CC身上的三色短毛与它的猫妈妈十分相似，但不是完全相同，可是CC的毛色与为它提供子宫的虎斑猫迥然相异。研究人员表示，决定毛色的因素包括遗传基因与子宫内的环境，因此CC的毛色是独一无二的。它于2006年顺利产下3只猫崽。

威苏辛教授和他的克隆猫

2003年5月28日，在意大利克雷莫纳市繁殖技术与家畜饲养实验室里，诞生了世界上第一匹克隆马——普罗梅泰亚，它的DNA医学鉴定结果与母马完全相同。这是因为用于克隆小雌马的培植胚胎发育的体细胞就是由生下小雌马的母马提供的，也就是说，这是世界上首例哺乳动物生下它自己的克隆体。普罗梅泰亚是自然顺产，出生时体重36千克，属正常范围，目前母马和小雌马身体状况都很好，尤其是小雌马活泼健壮，喜好运动，平时吃干草饲料、喝母奶。研究人员说，这种克隆技术更为容易和实用，有助于挽救濒临灭绝的稀有马种。

2005年8月，韩国科学家黄禹锡领导的研究小组将一条9周大的阿富汗

加利教授和他的克隆马

猎犬“斯纳皮”介绍给公众，并宣布它是世界上第一条克隆狗。韩国国立顺天大学教授孔日健指出，克隆狗在克隆技术领域里一直是个难关，之前的诸多试验都以失败告终。究其原因，正如黄禹锡所说的，狗一年仅有二次发情期，等狗自然排卵是获取其卵子的唯一途径。而狗在排卵时卵巢所排出的卵子处于发育早期，最终在输卵管末端才发育成熟，所以成功提取高质量的狗卵子相当困难。这一困难，不仅长期制约着克隆狗技术的发展，也是为何至今没有试管狗的原因。而黄禹锡研究小组最后想出了“卫生间冲水法”，使用注射器和培养液将移动至输卵管末端的卵子冲出，成功实现了卵子的收集工作。

孔日健认为，克隆狗在医学研究上具有很大价值，因为在病理学上，狗非常接近人。在狗身上具有 203 个疾病模型，而猪和猫身上分别只有 65 个和 123 个。通过对这些疾病模型的研究，可以找到治疗人类疾病的方法。黄禹锡也表示，希望克隆狗的成功可以为治疗性克隆研究开辟一个新的天地。他说，其研究小组计划在克隆狗身上进行干细胞疗法等试验，并确定其安全性后再用于人类。

作为新世纪的尖端科学，克隆技术从它诞生的那一刻起就吸引了众多世人的目光。作为世界最大的发展中国家，中国一直在致力于前沿科学的研究。据目前的状况来看，克隆作为新兴的技术在中国得到前所未有的关注而且硕果累累。

2000 年 6 月 16 日，由西北农林科技大学动物胚胎工程专家张涌教授培育的世界首例成年体细胞克隆山羊“元元”在该校种羊场顺利诞生。“元元”由于肺部发育缺陷，只存活了 36 小时。同年 6 月 22 日，第二只体细胞山羊“阳阳”又在西北农林科技大学出生。2001 年 8 月 8 日，“阳阳”在西北农林科技大学产下一对“龙凤胎”，表明第一代克隆羊有正常的繁育能力。

知识小链接

西北农林科技大学

西北农林科技大学是中央部属高校，教育部直属全国重点大学。由教育部与农业部、水利部、国家林业局、中国科学院等16个部委和陕西省共建。现为国家“985工程”和“211工程”重点建设高校，教育部“援疆学科建设计划”40所全国重点大学之一，全国设有研究生院的56所高校之一和国家为了重点建设一批世界一流大学的100个左右世界一流学科创新引智基地的111计划成员。同时是我国西北地区现代高等农业教育的发源地。建校以来，以推进旱区农业发展为己任，为我国农业及农业高等教育事业的发展做出了重要贡献。

据介绍，2003年2月26日，克隆羊“阳阳”的女儿“庆庆”产下千金“甜甜”；2004年2月6日，“甜甜”顺利产下女儿“笑笑”。“阳阳”家族实现四代同堂。这不仅表明第一代克隆羊具有生育能力，其后代仍具有正常的生育能力。目前，“阳阳”与她的女儿“庆庆”、外孙女“甜甜”和曾孙女“笑笑”无忧无虑地生活在一起。

克隆山羊和它的孩子

不久前，在河北农业大学与山东农业科学院生物技术研究中心联合攻关下，中国的科技人员通过名为“家畜原始生殖细胞胚胎干细胞分离与克隆的研究”实验课题，成功克隆出两只小白兔——“鲁星”和

“鲁月”。这项实验表明中国已经成功地掌握了胚胎克隆，虽然在技术上还没有达到体细胞克隆羊多莉的水平，但它为中国的克隆技术进步奠定了基础。

之后，中国广西大学动物繁殖研究所成功繁殖了体形比普通的兔子大的克隆兔。因为兔子与人类的生理更加接近，克隆兔的成功诞生，有助于人类医学研究。

2002 年 5 月 27 日，中国农业大学与北京基因达科技有限公司和河北芦台农场合作，通过体细胞克隆技术，成功克隆了国内第一头优质黄牛——红系冀南牛。这头名为“波娃”的体细胞克隆黄牛经权威部门鉴定，部分克隆技术指标达到国际水平。冀南牛是我国特有的优良地方黄牛品种，分布在我国河北，主要特点是耐寒、肉多脂少。但目前数量急剧减少，已濒临灭绝。此次成功克隆，对保护我国濒危物种具有深远影响。

克隆兔

克隆牛——波娃

2002 年 10 月 16 日中午，中国第一头利用玻璃化冷冻技术培育出的体细胞克隆牛在山东省梁山县诞生。

这头克隆牛的核供体来自于一头年产鲜奶 10 吨以上的优质黑白花奶牛的耳皮肤成纤维细胞。克隆胚胎经过玻璃化冷冻后移植到一头鲁西黄牛体内，经过

281 天后于 2002 年 10 月 16 日 11 点 52 分产出一头健康的黑白花奶牛。这头克隆牛诞生时体重 40 千克，身高 80 厘米，体长 72 厘米，胸围 80 厘米，管围 11.5 厘米。当天 14 点 20 分初乳，14 点 30 分开始站立，当晚能叫、能卧、能蹦，与正常出生的奶牛体征无异。这是中国首例利用玻璃化冷冻技术培育出的第一头体细胞克隆牛。在此之前，中国一直沿用的是鲜胚移植技术，尚未有利用冷冻技术克隆成功的先例。

克隆奶牛

知识小链接

干细胞

干细胞是原始且未特化的细胞，它是未充分分化、具有再生各种组织器官的潜在功能。干细胞存在于所有多细胞组织里，能经由有丝分裂与分化来分裂成多种特化细胞，而且可以利用自我更新来提供更多干细胞。对哺乳动物来说，干细胞分为两大类：胚胎干细胞与成体干细胞。胚胎干细胞取自囊胚里的内细胞团；而成体干细胞则来自各式各样的组织。

从羊到人的第二次进化

自从克隆羊多莉出现后，克隆迅速成为世人关注的焦点，人们不禁疑问：我们会不会跟在羊的后面？伴随着牛、鼠、猪乃至猴这种与人类生物特征最为相近的灵长类动物陆续被克隆成功，人们已经相信，总有一天，科学家会用人类的一个细胞复制出与提供细胞者一模一样的人来，克隆人已经不是科幻小说里的梦想，而是呼之即出的现实。目前，已有 3 个国外组织正式宣布他们将进行克隆人的实验，美国肯塔基大学的扎沃斯教授正在与一位名叫安提诺利的意大利专家合作，计划在两年内克隆出一个人来。

其克隆技术与克隆羊大同小异，但更具复杂性。如下图所示：

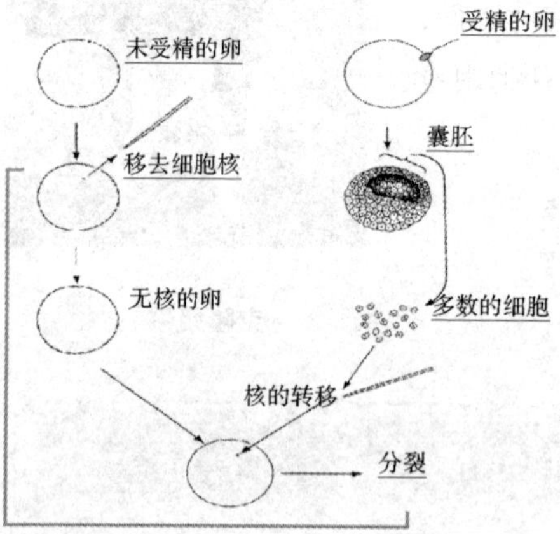

生物克隆原理

克隆技术的应用有很大好处，克隆人的好处第一是可以让那些得不到孩子而非常痛苦的不育症患者有自己的孩子。其二，这样的克隆是只用夫妻自己的精子卵子，这就避免了伦理上和心理上的阴影。还有，克隆还可以挽救濒危动物，保持人群性别的合理平衡，保护少数民族遗传基因。更重要的是，克隆人可被用来研究，以比较和证明环境与遗传对人成长究竟哪一个更重要。

以上所说的当然有一些科学事实，但是并没有完全从科学上得到证实，而且有些科学实验还得出了相反的结论。比如，美国康涅狄格州的华裔科学家杨向中用一头 13 岁的老母牛的体细胞成功地克隆了 10 头牛犊，从 DNA 分析发现，克隆牛的端粒远远比其供体母牛的长，而且与自然生育的同龄小牛的端粒没有差别。这说明克隆牛的生物年龄与自然有性生育的牛的年龄完全一致，证明克隆后代没有早衰现象。

然而多莉的死也让我们看到了克隆的弊端，在某些方面还是存在一些不稳定因素和不安全性的。

克隆人是人类繁衍的一种方式和权利。全世界共有 7000 万男子没有任何形式的生育能力，克隆人是人类最后的繁衍方式，要攻克男性不育症，克隆技术可能是最后一柄利剑。而且也有很多不育的人因不能产生成熟精子主动要求科学家用克隆技术帮助他们孕育孩子。他们也有养育孩子、获得天伦之乐的权利。

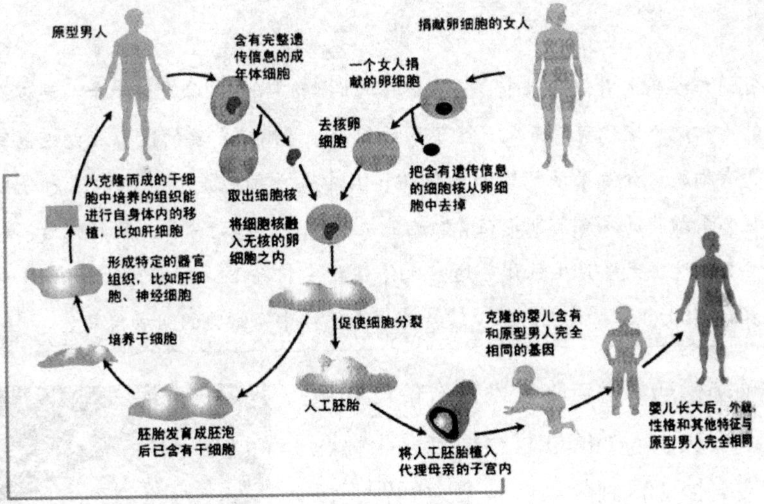

克隆人的技术线路

人类社会自身的发展告诉我们，科技带动人们的观念更新是历史的进步，而以陈旧的观念来束缚科技发展，则是僵化。历史上输血技术、器官移植等，都曾经带来极大的伦理争论，而当首位试管婴儿于 1978 年出生时，更是掀起了轩然大波，但现在，人们已经能够正确地对待这一切了。这表明，在科技发展面前不断更新的思想观念并没有给人类带来灾难，相反，它造福了人类。就克隆技术而言，“治疗性克隆”将会在生产移植器官和攻克疾病等方面获得突破，给生物技术和医学技术带来革命性的变化。

比如，当一个人的女儿需要骨髓移植而没有人能为她提供；当一个人不幸失去 5 岁的孩子而无法摆脱痛苦；当一个人想养育自己的孩子又无法生育……也许他就能够体会到克隆的巨大科学价值和现实意义。治疗性克隆的研究和完整克隆人的实验之间是相辅相成、互为促进的，治疗性克隆所指向的终点就是完整克隆人的出现，如果加以正确的利用，它们都可以而且应该为人类社会带来福音。

知识小链接

骨 髓

骨髓位于较大骨骼的腔中，占人体体重的4% ~6%，含有造血干细胞以及多种其他的干细胞，它们可以分化产生不同的组织。骨髓是重要的造血及免疫器官。血液的所有细胞成分都来源于造血干细胞，其中髓系细胞是完全在骨髓内分化生成的；淋巴系细胞的发育前期是在骨髓内完成；另外B细胞分化为浆细胞后，也回到骨髓，并在这里大量产生抗体。通常人体在稳定状况下，每小时约有1010个红细胞与108 ~109个白细胞生成，以维持外周血循环中血细胞的组成与数量。

在现实生活中，克隆技术最有价值的应用莫过于解决了人类的器官移植难题。在医疗上，器官移植直到今天还是个大问题，每年有那么多人因为等不到供体而失去了生的希望，而另一方面罪恶的器官交易又不断在暗中活动，一些国际性的犯罪团伙利用人体器官的这种悬殊的供需关系大发肮脏之财，贩人、杀人、窃婴、走私等等无所不为，甚至出

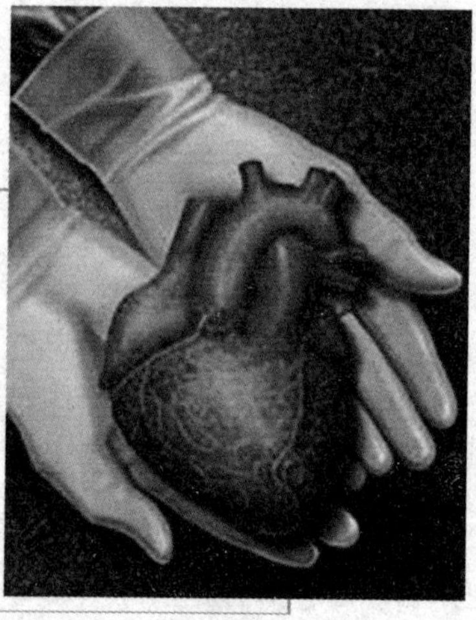

器官移植

广角镜

帕金森病

帕金森病，或译巴金森氏病，中国大陆译作帕金森病，台湾译作帕金森氏症，港澳译作柏金逊症。是一种慢性的中枢神经系统退化性失调，它会损害患者的动作技能、语言能力以及其他功能。它的病因目前仍不明，推测和大脑底部基底核以及黑质脑细胞快速退化，无法制造足够的神经引导物质多巴胺和胆碱作用增强有关。脑内需要多巴胺来指挥肌肉的活动；缺乏足够的多巴胺就产生各种活动障碍。

现把亲外孙给器官贩子的事，令人毛骨悚然。而克隆人类胚胎就可以获得跟病人完全吻合的细胞、组织甚至器官。这对于挣扎在死亡线上的白血病、帕金森病、心脏病以及癌症病人来说，绝对是天降福音。

骡　子

克隆技术还会给人类带来极大的好处，例如，英国 PPL 公司已培育出羊奶中含有治疗肺气肿的 a－1 抗胰蛋白酶的母羊。这种羊奶的售价是6000 美元1 升。一只母羊就好比一座制药厂，用什么办法能最有效、最方便地使这种羊扩大繁殖呢？最好的办法就是克隆。同样，荷兰 PHP 公司培育出能分泌人乳铁蛋白的牛，以色列 LAS 公司育成了能生产血清白蛋白的羊，这些高附加值的牲畜如何有效地繁殖？答案当然还是克隆。

母马配公驴可以得到杂种优势特别强的动物——骡，骡不能繁殖后代，那么，优良的骡如何扩大繁殖？最好的办法也是克隆，我国的大熊猫是国宝，但自然交配成功率低，因此已濒临绝种。如何挽救这类珍稀动物？克隆为人类提供了切实可行的途径。

几亿年前，人类由猿人演化成人，科技发展到今天，人类甚

你知道吗

什么是乳铁蛋白？

乳铁蛋白是运铁蛋白中的一种多功能糖蛋白，是一种球状糖蛋白。广泛存在于各种分泌液如牛奶、唾液、眼泪和鼻涕中，也存在于中期的嗜中性粒细胞中，并由一些腺泡细胞分泌。乳铁蛋白可以从牛奶中提取或利用重组 DNA 技术获得。人的初乳的乳铁蛋白浓度最高，其次是人类的乳汁，牛奶中浓度最低。乳铁蛋白是人体免疫系统的组分之一；它具有抗菌活性，是先天防御的一部分，主要存在于黏膜中，乳铁蛋白保护婴儿使其免受细菌等病原侵害。

至可以用克隆技术实现人的再生，可是说是“第二次进化”，人造人能否成为现实呢？

克隆人违背伦理遭反对呼声

现代科技，特别是现代生命科技，要不要尊重伦理学原则，要不要倾听伦理的声音？有关专家针对一些科学狂人在美国秘密克隆人的做法指出：克隆人违背人类生命伦理，存在着极大的争议和难以解决的一系列法律等问题。

亚当和夏娃

目前世界上大部分国家都主张杜绝克隆人的出现，有的国家甚至出台了相关的法律来明令禁止克隆人。中国全国政协委员、中国科学院国家基因研究中心主任洪国藩也明确表示反对进行克隆人的研究，而主张把克隆技术和克隆人区别开来。

实际上，人们不能接受克隆人实验的最主要原因，在于传统伦理道德观念的阻碍。千百年来，人类一直遵循着有性繁殖方式，而克隆人却是实验室里的产物，是在人为操纵下制造出来的生命。尤其在西方，“抛弃了上帝，拆离了亚当与夏娃”的克隆，更是遭到了许多宗教组织的反对。而且，克隆人与被克隆人之间的关系也有悖于传统的由血缘确定亲缘的伦理方式。所有这些，都使得克隆人无法在人类传统伦理道德里找到合适的安身之地。

首先克隆人没有监护人。自然人正常降生后，一般有父母作为合法的监护人。当其父母逃避监护和抚养责任时，不仅要受到道德的谴责，还应受到民事责任的追究。作为克隆人，谁是他们的父母，这是一个非常重要的问题。最初的克隆技术基本是有性繁殖的继续，有精子供体和卵子供体，理论上是存在父母的。但现在提供体细胞核的克隆技术已经出现，无性生殖基本成熟。克隆人基本是体细胞核提供者的基因翻版，但提供体细胞核者有可能是与其年龄相当的人，因此从伦理上应当做父亲的体细胞提供者在年龄和行为能力上也许并不可以。

实质上无论是哪一种技术，克隆人几乎都找不到他们的父母。也许他们的父母根本不认识，他们只是研究者的一个“研究成果”。

克隆人还有另一种可能——是被某个母体代孕后降生的。克隆人的代孕母亲是否有义务成为其监护人，这也很难界定。因为代孕母亲所生的孩子也许与自己并无一点血缘关系，既然没有血缘关系，也不能要求代孕者承担监护抚养义务。由于克隆技术已经到了单性繁殖的水平，因此，克隆人甚至享受不了非婚生子的待遇，降生之后就是一个彻底的孤儿。

让我们想象，一个在身体机能上存在缺陷的人，同时在社会地位上同样存在缺陷，这不是一种残忍吗？谁来看护他，谁来教育他，他又如何被塑造成一个有益于社会的人呢？也许，克隆人的生命还不如真正的动物幸运，动物出生后，都有母亲来哺育、喂养，而克隆人从来到世界上就是一个实验品。相信，克隆人的感知力与人类是一致的，他们同样惧怕疼痛，惧怕孤独，惧怕流血，惧怕死亡；他们需要亲情，需要友情，需要爱情，但这一切他们又怎能得到呢？

由于没有监护人，代孕人与研究人之间完全可以是一种商业合同关系。生完了孩子，养育到一定时间，即可交“货”。这时研究者如何利用这些生命，他们可能是为委托人生产下一代，或者是复制品；但他们也完全可以为他们自身的犯罪目的或委托人的犯罪目的而自由地处置这些“人类”。这所有的一切将因克隆人没有父母监护显得更为随便。

其次，克隆人的人格权和荣誉权无法确定。人都是社会性的，作为克隆人同样是。那些希望有一个克隆儿的父母毫无疑问也想有一个自立于社会的孩子。可是，由于克隆人的特殊背景，他的健康无法保证。由于健康及免疫力的先天问题，克隆人容易患有传染病、精神病，这一切使他的健康自生下来就受到侵害，而这种侵害完全也是人为的。由于有疾病，周围的普通人自然很难接受克隆人，一个无法融入社会的克隆人又怎能实现一个正常人的价值呢？研究出来的克隆人如果连普通人应该享有的幸福都没有，连普通人被社会认可的水平都达不到，这种研究又有什么价值呢？这样的孩子难道不更让父母担忧和痛苦吗？一个得不到社会认可的克隆人，他的人格权、荣誉权又如何得到尊重呢？

有关克隆人的讨论提醒了人们，科技进步是一首悲喜交集的进行曲。科技越发展，对社会的渗透越广泛深入，就越有可能引起许多有关的伦理、道德和法律等问题。诺贝尔奖获得者，著名分子生物学家 J. D. 沃森说过：“可以期待，许多生物学家，特别是那些从事无性繁殖研究的科学家，将会严肃地考虑它的含意，并展开科学讨论，用以教育世界人民。”

基本小知识

传 染 病

传染病是一种可以从一个人或其他物种，经过各种途径传染给另一个人或物种的感染症。通常这种疾病可借由直接接触已感染之个体、感染者之体液及排泄物、感染者所污染到的物体，亦可透过饮水、食物、空气或其他载体而散布。有些传染病，防疫部门必须及时掌握其发病情况，及时采取对策，因此发现后应按规定时间及时向当地防疫部门报告，称为法定传染病。中国目前的法定传染病有甲、乙、丙三类，共 39 种。

转基因农作物

ZAOFU RENLEI DE JIYIN GONGCHENG

转基因农作物是利用组织培养技术和基因重组技术引入其他生物或物种的基因而培育出来的，这种农作物也叫基因改性农作物或基因重组农作物。目前，世界种植的主要转基因农作物有4种，即：玉米、棉花、大豆和油菜籽；其他转基因农作物包括烟草、番木瓜、土豆、西红柿、亚麻、向日葵、香蕉和瓜菜类。

现有的转基因农作物可分为4个种类：一是Bt农作物，可抵御害虫的侵害，减少杀虫剂使用量；二是抗除草剂农作物；三是抗病毒农作物；四是营养增强型农作物，其特定营养组分和维生素含量更高。

然而，转基因农作物仍然有其局限性，表现在：(1) 基因转移对生态环境的潜在影响；(2) 抗病毒和抗害虫农作物的负面影响；(3) 植入基因对人类和动物健康的负面影响。所以，转基因农作物的利用推广目前还受到许多国家的抵制，只有少数国家在开发
转基因农作物。

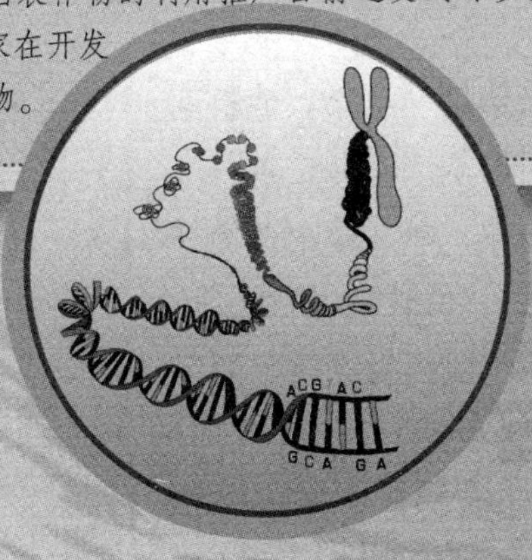

概 述

转基因植物，是拥有来自其他物种基因的植物。该基因变化过程可以来自不同物种之间的杂交，但今天该名词更多的特指那些在实验室里通过重组DNA技术人工插入其他物种基因以创造出拥有新特性的植物。

转基因植物的研究主要在于改进植物的品质，改变生长周期或花期等提高其经济价值或观赏价值；作为某些蛋白质和次生代谢产物的生物反应器，进行大规模生产；研究基因在植物个体发育中，以及正常生理代谢过程中的功能。

以植物作为生物技术的实验材料有其特定的优点，那就是植物细胞大部分都有全能性，可以用单个细胞分化发育出整个植株。这样，经过基因工程改造的单个植物细胞有可能再生成一棵完整的转基因植株。这些植株还可通过有性生殖过程把改变了的性状遗传给下一代。

植物基因工程用作外源基因的转化受体有许多种，包括胚性愈伤组织、分生细胞、幼胚、成熟胚、受精胚珠、种子和原生质体等。从这些受体细胞都可获得再生的转基因植株。

植物转基因技术是指把从动物、植物或微生物中分离得到的目的基因，通过各种方法转移到植物的基因组中，使之稳定遗传并赋予植物新的农艺性状，如抗虫、抗病、抗逆、高产、优质等。随着现代生物技术的迅速发展，植物转基因技术方兴未艾。自从1983年首次获得转基因植物后，至今已有35科120多种植物转基因获得成功。1986年

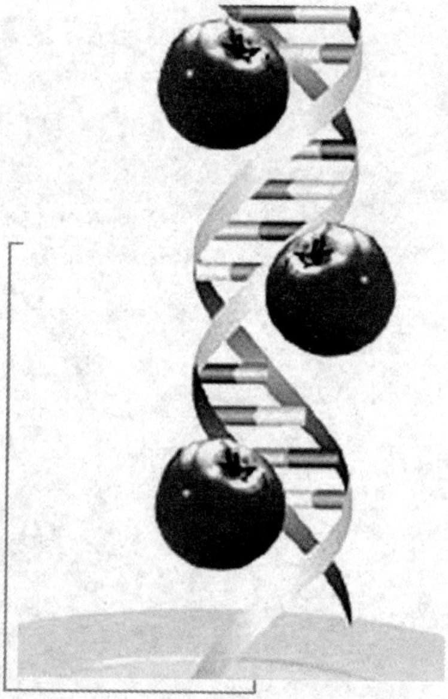
转基因作物

首批转基因植物被批准进入田间试验，至今国际上已有 30 个国家批准数千例转基因植物进入田间试验，涉及的植物种类有 40 多种。

基本小知识

微　生　物

微生物是指一切肉眼看不到或看不清楚，因而需要借助显微镜观察的微小生物。微生物包括原核微生物、真核微生物和无细胞生物三类。微生物不但在于体积微小，而且在结构上亦相当简单。由于微生物体积极其微小，故相对面积较大，物质吸收快，转化快。微生物在生长与繁殖上亦是很迅速的，而且适应性强。从极寒冷的冰川到极酷热的温泉，从极高的山顶到极深的海底，微生物都能够生存。

超级水稻

中国农民说，吃饭靠“两平”，一靠邓小平（中国改革开放的总设计师，在农村推行家庭联产承包责任制，使广大农民快速脱贫致富），二靠袁隆平（“杂交水稻之父”，其科研成果在很大程度上解决了中国人的吃饭问题）。西方世界称，杂交水稻是“东方魔稻”，它的另一个称号是“中国魔稻”。袁隆平的成果不仅在很大程度上解决了中国人的吃饭问题，而且也被认为是解决 21 个世纪世界性饥饿问题的法宝。国际上甚至把杂交稻当作中国继四大发明之后的第五大发明，誉为“第二次绿色革命”。

杂交水稻是通过不同稻种相互杂交产生的，而水稻是自花授粉作物，对配制杂交种子不利。要进行两个不同稻种杂交，先要把一个品种的雄蕊进行人工去雄或杀死，然后将另一品种的雄蕊花粉授给去雄的品种，这样才不会出现去雄品种自花授粉的假杂交水稻。可是，如果我们用人工方法在数以万计的水稻花朵上进行去雄授粉的话，工作量极大，实际并不可能解决生产的大量用种。因此，研究培育出一种水稻做母本，这种母本有特殊的个性，它的雄蕊瘦小退化，花药干瘪畸形，靠自己的花粉不能受精结籽。

杂交水稻之父——袁隆平

为了不使母本断绝后代，要给它找两个对象，这两个对象的特点各不相同：第一个对象外表极像母本，但有健全的花粉和发达的柱头，用它的花粉授给母本后，生产出来的是“女儿”，长得和母亲一模一样，也是雄蕊瘦小退化，花药干瘪畸形、没有生育能力的母本；另一个对象外表与母本截然不同，一般要比母本高大，也有健全的花粉和发达的柱头，用它的花粉授给母本后，生产出来的是“儿子”，长得比父母亲都要健壮。这就是我们需要的杂交水稻，一个母本和它的两个对象，人们根据它们各自不同特点，分别起了 3 个名字：母本叫作不育系；两个对象，一个叫作保持系，另一个叫作恢复系，简称为“三系”。有了“三系”配套，我们就知道在生产上是怎样配制杂交水稻的了：生产上要种一块繁殖田和一块制种田，繁殖田种植不育系和保持系，当它们都开花的时候，保持系花粉借助风力传送给不育系，不育系得到正常花粉结实，产生的后代仍然是不育系，达到繁殖不育系的目的。我们可以将繁殖来的不育系种子，保留一部分来年继续繁殖，另一部分则同恢复系制种，当制种田的不育系和恢复系都开花的时候，恢复系的花粉传送给不育系，不育系产生的后代，就是提供大田种植的杂交稻种。由于保持系和恢复系本身的雌雄蕊都

杂交水稻

正常，各自进行自花授粉，所以各自结出的种子仍然是保持系和恢复系的后代。

由于生物科技和基因工程技术近年来快速发展，科学家在1998年开始水稻基因组的分析与整理，称为国际水稻基因组定序计划（International Rice Genome Sequencing Project；简称IRGSP）。主要希望能解读水稻12条染色体中的基因密码，此计划由日本主持，并有中国、韩国、英国、加拿大、美国、巴西、印度、法国加入。在2002年宣布整个水稻的基因图谱都已被解读，并公开在基因图谱资料库中，供各国的水稻专家研究。

国际水稻基因组研究小组

水稻的基因体是高等生物中基因定序最完整的，科学家辨识出的37500个基因中，包括了数个影响重要农产未来的基因。例如提高水稻产量的基因、改变水稻受光周期的基因等。这有助于生产高产优质的水稻，迎接未来粮食危机。

知识小链接

花　粉

花粉是种子植物的微小孢子堆，成熟的花粉粒实为其小配子体，能产生雄性配子。通常十分微小，大约由数微米到百数微米。花粉由种子植物的雄蕊中的花药产生，经由各种方法到达雌蕊，最后使胚珠受精。

花粉颗粒由三部分组成，核源：在花粉粒中央，由细胞质组成，进行受精作用的主要部分。花粉壁：内壁，主要由纤维素构成，容易破裂。外壁：主要由孢粒质组成，比内壁厚，很坚固，用高热、强酸和强碱进行处理也难以令花粉粒解体。由于这种性质，花粉能利用风或水广为散播。

太空青椒

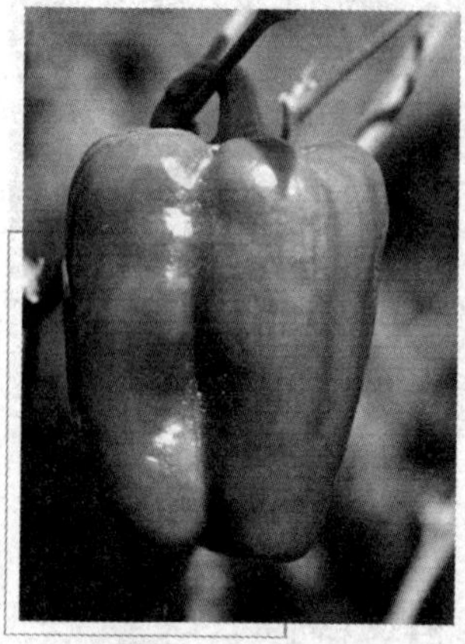

太空椒

太空椒果实成灯笼形，果长 10～12 厘米，横径 8～10 厘米，植株生长旺盛，株高 60 厘米（露地）至 90～110 厘米（保护地）。平均单果重 300～400 克，最大单果 500 克以上，商品性好，亩产可达 5000 千克以上。

太空椒用的是曾经遨游过太空的青椒种子培育而成，与普通青椒比，太空椒的果实个大，肉厚，口感好，维生素 C 的含量高，在大田生产中产量比普通青椒的生产量高 25%～30%。

据专家介绍，经历过太空遨游的辣椒种子，大多数都发生了遗传性基因突变，返回地面种植后，不仅植株明显增高增粗、果型增大了，产量也比原来普遍增长了 20% 以上，而且品质大为提高，作物肌体也更加强健，对病虫害的抗逆性比较强。瞧，这些太空椒果大色艳，籽少肉厚，除了产量增长以外，维生素 C 和可溶性固形物、铜铁等微量元素含量都比原来高出 7%～20%，吃起来是清香润滑、又鲜又嫩，营养丰富。

拓展阅读

维 生 素

维生素是一系列有机化合物的统称。它们是生物体所需要的微量营养成分，而一般又无法由生物体自己生产，需要通过饮食等手段获得。维生素不能像糖类、蛋白质及脂肪那样可以产生能量，组成细胞，但是它们对生物体的新陈代谢起调节作用。缺乏维生素会导致严重的健康问题；适量摄取维生素可以保持身体强壮健康；过量摄取维生素却会导致中毒。

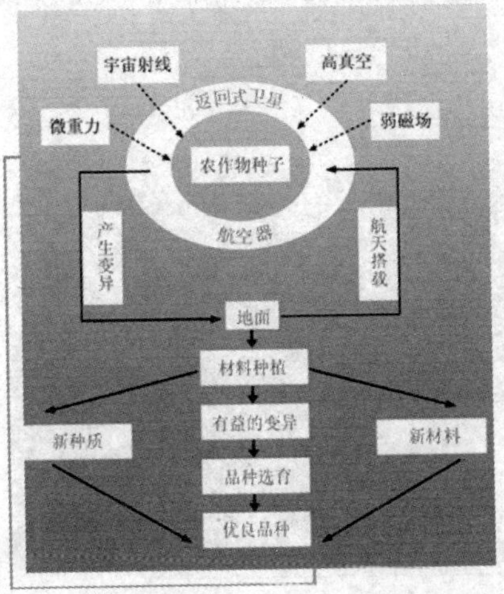

航天育种程序图

我们知道，宇宙空间的物理环境与地面有很大差异，比如辐射强烈、地心引力弱等。如果把农作物的种子带到太空，种子就会直接受到来自宇宙空间的各种辐射。在太空中，由于种子受到的地心引力大大减弱，以及空间辐射等多种空间环境因素的影响，种子内的遗传物质很容易发生改变。因此，可以利用返回式卫星（或宇宙飞船、航天飞机）和高空气球，把农作物的种子带到太空，使种子产生变异，然后在地面种植，从中选育新品种，又叫作作物空间诱发育种。

利用卫星研究植物生长发育和遗传变异的工作，从 20 世纪 60 年代初期就已经开始了，美国和苏联曾多次利用卫星搭载作物种子，研究植物在空间条件下的生长发育规律和生理、遗传特性的变化，用以改善人类在空间生存的小环境，开发空间植物。自从 1987 年以来，我国科学工作者利用返回式卫星和高空气球搭载作物种子，使种子在空间条件下发生变异，从而进行作物遗传性状的改良。在短短的 10 年时间里，取得了令人鼓舞的可喜成果，培育出了“卫星 87 – 2”青椒（俗称太空椒）、“航育 1

拓展阅读

微量元素

微量元素指占生物体总质量 0.01% 以下，且为生物体所必需的一些元素。如铁、硅、锌、铜、碘、溴、锡、锰等。微量元素为植物体必需但需求量很少的一些元素。这些元素在土壤中缺少或不能被植物利用时，植物生长不良，过多又容易引起中毒。在农业中，常以微量元素做种子处理、根外追肥来提高作物产量。微量元素占人体总质量的 0.03% 左右。这些微量元素在体内的含量虽小，但在生命活动过程中的作用是十分重要的。

号”水稻、“豫麦13”小麦等高产、优质、抗病性强的作物新品系，获得了良好的社会、经济效益。

作物空间技术育种研究虽然还处在起步阶段，但是这种育种方法可以大大提高作物的突变率，有利于加速育种进程和改进作物品质，而且还有可能获得在地面育种中难以得到的、对产量有突破性影响的罕见突变，因而是一个具有诱人前景的农作物育种新途径。我国作为目前世界上能发射返回式卫星的3个国家之一，在作物空间技术育种方面已经进入世界先进行列。

太空育种基地

棉花不长虫了

20个世纪，在国家“863”计划的支持下，中国农业科学院生物技术研究所成功地人工合成和改造了植物抗虫害的Bt基因，获得了高抗棉铃虫的转基因棉花品种和品系。此外，中国农业科学院棉花所、南京农业大学和山西省农科院棉花所等单位还以转基因抗虫棉为亲本，育成了一批抗虫能力在80%以上，单产比主栽品种高15%以上的转基因抗虫杂交棉组合。拥有我国自主知识产权的抗虫棉花的育成和大面积推广应用，标志着我国转

棉铃虫

基因植物研究开始进入产业化发展阶段。

2001 年，转基因抗虫棉在已经取得重大成绩的基础上又有新的突破。中国农业科学院生物技术研究所的抗虫棉基因专利“编码杀虫蛋白质融合基因和表达载体及其应用”获得国家知识产权局和世界知识产权组织授予的中国专利金奖。同时，双价转基因抗虫棉 SGK321 也顺利通过河北省品种审定委员会审定，标志着我国在双基因抗虫棉研究领域处于国际领先地位。目前，SGK321 已经通过了农业转基因生物安全性评价，并获准在晋、冀、鲁、豫、皖进行商品化生产，在湖北进行环境释放。综合 2000 年和 2001 年两年区试结果，SGK321 早熟性明显优于其他品种，霜前皮棉亩产 75.4 千克，相当于对照抗虫杂交种的 93.4%。该品种纤维品质好，长度为 29.2 毫米，比强度 29.4 厘米/特克斯，马克隆值 4.8，抗虫性突出。

趣味点击　棉铃虫

棉铃虫，夜蛾科昆虫的一种，是棉花蕾铃期的大害虫。广泛分布在中国及世界各地，中国棉区和蔬菜种植区均有发生。黄河流域棉区、长江流域棉区受害较重。近年来，新疆棉区也时有发生。寄主植物有 20 多科 200 余种。棉铃虫是棉花蕾铃期重要钻蛀性害虫，主要蛀食蕾、花、铃，也取食嫩叶。该虫是中国棉区蕾铃期害虫的优势种，近年为害十分猖獗。

转基因抗虫棉花

转基因农作物

能抗癌的“紫色番茄”

番茄富含维生素A、维生素C、维生素B_1、维生素B_2以及胡萝卜素和钙、磷、钾、镁、铁、锌、铜和碘等多种元素，还含有蛋白质、糖类、有机酸、纤维素。近年来，营养专家研究发现，番茄还具有新的保健功效和防治多种疾病的药用价值。在英国、意大利等国，科学家培育出一种转基因紫色番茄，或许具备抗击癌症和一些心血管疾病的功效。约翰英尼斯中心教授凯西·马丁带领的研究小组开展这项研究，根据先前研究的证实，花青素可以明显减缓结肠癌细胞生长，同时具有抵抗心血管疾病的功效。研究人员利用金鱼草花青素含量高的特性，将这种植物的两种基因转移至普通番茄，培育出一种外观呈紫色的番茄。这种番茄的果皮和果实中花青素含量都比较高。番茄本身含有抗氧化物质，如茄红素和类黄酮等。研究小组认为，食用这种富含抗癌成分花青素的转基因紫番茄，对降低罹患癌症等疾病的几率大有益处。

拓展阅读

碘

碘，53号元素，属于周期系ⅦA族元素。1811年法国药剂师库尔图瓦利首次发现单质碘。单质碘呈紫黑色晶体，易升华。有毒性和腐蚀性。碘单质遇淀粉会变蓝色。主要用于制药物、染料、碘酒、试纸和碘化合物等。碘是人体的必需微量元素之一，健康成人体内的碘的总量为30毫克（20～50毫克），国家规定在食盐中添加碘的标准为20－30毫克/千克。

紫色番茄

为验证这种紫番茄的抗癌功效，研究人员已在老鼠身上进行试验。研究人员利用转基因技术，让两组老鼠患上癌症。他们给其中一组老鼠喂食紫番茄，给另一组喂食普通红色番茄。结果发现，食用紫番茄的老鼠平均存活 182 天，食用普通番茄的老鼠平均寿命为 142 天。马丁说，这项试验证明，通过改变饮食和食物中的成分，可以放缓慢性病发展、促进身体健康。英国癌症研究中心的拉拉·贝内特对这项研究持欢迎态度。按照她的说法，合理利用基因技术，可以使食品更有益于身体健康。现阶段，研究小组致力于研究如何提高普通蔬果中有益人体物质的含量。马丁认为，人们日常食用水果和蔬菜，如果使这些水果、蔬菜中的较高生物活性物质增多，人们可以获得更多营养。

基本小知识

胡萝卜素

胡萝卜素是一种橙色的光合色素，这种色素使许多蔬菜和水果带有橙色，在光合作用中扮演传递能量的角色。胡萝卜素摄入人体消化器官后，可以转化成维生素 A，是目前最安全补充维生素 A 的产品（单纯补充化学合成维生素 A，过量时会使人中毒）。它可以维持眼睛和皮肤的健康，改善夜盲症、皮肤粗糙的状况，有助于身体免受自由基的伤害。不宜酸性物质同时服用。

改变基因的食物

我们在前面的章节讲过，基因是与生俱来的，是父辈传给子代的遗传物质，那么基因怎么会改变呢？其实在女性怀孕期间注意某些事物的摄取量，会对腹中胎儿的生长发育产生意想不到的微妙作用。

如果父母头发早白或者略见枯黄、脱落，那么孕育期间可以多吃一些富含 B 族维生素的食物，如，瘦肉、鱼、动物肝脏、牛奶、面包、豆类、鸡蛋、紫菜、核桃、芝麻、玉米以及绿色蔬菜，这些食物可以使孩子的发质得到改善，不仅浓密、乌黑，而且光泽油亮。

孕　妇

要是父母的个头儿都不高，那么就要在怀孕期间多吃富含维生素D的食物。维生素D可以促进骨骼发育，促使人体增高，这种效果尤其对于胎儿、婴儿最为明显。这类食物有：虾皮、蛋黄、动物肝脏以及蔬菜。

富含维生素的食物

父母肤色偏黑，孕妇就要多吃富含维生素C的食物。因为维生素C对皮肤黑色素的生成有干扰作用，从而可以减少黑色素的沉淀，日后生下的婴儿皮肤会变得白嫩细腻。番茄、葡萄、柑橘、菜花、冬瓜、洋葱、大蒜、苹果、刺梨、鲜枣等蔬菜和水果均富含维生素C，其中尤以苹果为最佳。苹果富含维生素和苹果酸，常吃能增加血色素，不仅能使皮肤变得细白红嫩，更对贫血的妇女有极好的补益功效，是孕妇和育儿的首选水果。

基本小知识

贫　血

贫血是指全身循环血液中红细胞总量减少至正常值以下。但由于全身循环血液中红细胞总量的测定技术比较复杂，所以临床上一般指患者外周血中血红蛋白的浓度低于同年龄组、同性别和同地区的正常标准。沿海和平原地区，成年男子的血红蛋白如低于12.5克/分升，成年女子的血红蛋白低于11.0克/分升，可以认为有贫血。12岁以下儿童比成年男子的血红蛋白正常值约低15%左右，男孩和女孩无明显差别。海拔高的地区一般要高些。

怀孕时可多食用富含维生素 A 的食物，因为维生素能保护皮肤上皮细胞，使日后孩子的皮肤细腻有光泽。如动物肝脏、蛋黄牛奶、胡萝卜、番茄以及绿色蔬菜、水果、干果和植物油等。

女人在孕育期间要特别注意，肚子里的孩子所吃的东西是从妈妈摄取的食物中获得的，所以准妈妈们千万要注意自己的饮食，下面的食物还是少吃为妙：

咖　啡

1. 辛辣热性作料。辣椒、花椒、胡椒、小茴香、八角、桂皮、五香粉等容易消耗肠道水分而使胃腺体分泌减少，造成胃痛、肠道干燥、痔疮、便秘或粪便梗阻。便秘时孕妇用力屏气解便，使腹压增加，压迫子宫内的胎儿，易造成胎儿不安、羊水早破、自然流产、早产等不良后果。不少怀孕妈妈较喜欢吃酸山楂，但是山楂对子宫有兴奋作用，过量食用可使子宫收缩导致流产，所以要少吃。

2. 有兴奋作用的饮食。含咖啡因的饮料和食品，被孕妇大量饮用后，会出现恶心、呕吐、头痛、心跳加快等症状。咖啡因还会通过胎盘进入胎儿体内，影响胎儿发育。茶叶含有较丰富的咖啡碱，饮茶将加剧孕妇的心跳速度，增加孕妇的心、肾负担，不

广角镜

咖　啡　因

咖啡因是一种黄嘌呤生物碱化合物，对人类来说是一种兴奋剂。它存在于咖啡树、茶树、巴拉圭冬青及瓜拿纳的果实及叶片里，少量的咖啡因也存在于可可树、可乐果及代茶冬青树。咖啡因是一种中枢神经兴奋剂，能够暂时的驱走睡意并恢复精力。有咖啡因成分的咖啡、茶、软饮料及能量饮料十分畅销，因此，咖啡因也是世界上最普遍被使用的精神药品。在北美，90% 成年人每天都摄入咖啡因。

利于胎儿的健康发育。

3. 甜食。糖类等在人体内的代谢会消耗大量的钙，孕期钙缺乏会影响胎儿牙齿、骨骼的发育。过多食用巧克力也不好，这样会使孕妇产生饱腹感而影响食欲，结果身体胖了，而必需的营养素却缺乏了。

4. 杏仁。杏仁中含有毒物质氢氰酸，为了避免其毒性透过胎盘屏障影响胎儿，孕妇应禁食杏仁。

5. 味精。味精是平时很普通的调味品，但是孕妇就要注意少吃或不吃。味精主要成分是谷氨酸钠，血液中的锌与其结合后便从尿中排出，味精摄入过多会消耗大量的锌，不利于胎儿神经系统的发育。

6. 黑木耳。黑木耳虽有滋养益胃的作用，但同时又具有活血化瘀之功，不利于胚胎的稳固和生长，故应忌食。

7. 薏苡仁。薏苡仁是一味药食兼用的植物种仁，其性滑利。药理实验证明，薏苡仁对子宫肌肉有兴奋作用，促进子宫收缩，因而有诱发流产的可能。

8. 马齿苋。马齿苋既是药物又可做菜食用，但其性寒冷而滑利。经实验证明，马齿苋汁亦对子宫有明显兴奋作用，易造成流产。

9. 久存土豆。土豆中含有生物碱，存放越久的土豆生物碱含量越大，而中剂量的土豆生物碱便可影响胎儿正常发育，导致胎儿生长缓慢。

10. 人参、桂圆等补品。祖传医学认为孕妇多数阴血偏虚，阴虚则滋生内热。食用人参会引起气盛阴耗，加重早孕反应、水肿和高血压等；桂圆辛温助阳，虽有补血安神、养血益脾之效，但温太热，孕妇食用后易动血动胎，不仅不能保胎，反而易出现漏红、腹痛等先兆流产症状，所以不宜食用。

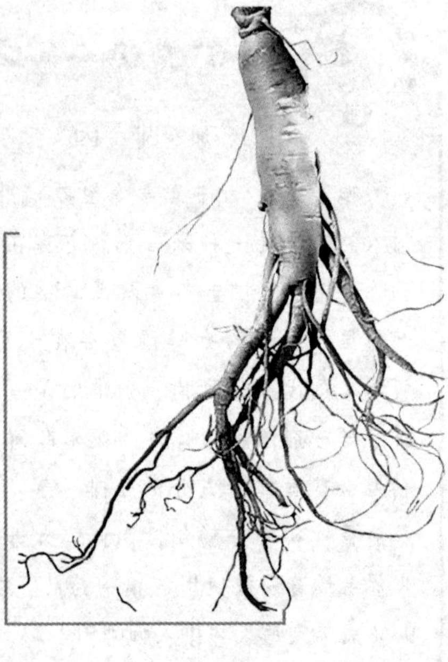

人 参

11. 含有添加剂的食品。罐头食品含有的添加剂和忌口，是导致畸胎和流产的危险因素，所以怀孕了就要远离罐头食品。油条在制作过程的添加明矾，是一种含铝的无机物，铝可通过胎盘侵入胎儿大脑影响胎儿智力的发育。

螃　蟹

12. 螃蟹、甲鱼、海带。这些水产品有活性软坚作用，食用后对早期妊娠有造成出血、流产之弊。螃蟹有活血化瘀之功，尤其是蟹爪，有明显的堕胎作用；甲鱼有较强的通血络散瘀块作用；鳖甲的堕胎力比鳖肉更强；海带有软坚、散结、化瘀功效，亦有堕胎之嫌。

知识小链接

苹　果　酸

苹果酸，又名2－羟基丁二酸，由于分子中有一个不对称碳原子，有两种立体异构体。大自然中，以三种形式存在，即D－苹果酸、L－苹果酸和其混合物DL－苹果酸。白色结晶体或结晶状粉末，有较强的吸湿性，易溶于水、乙醇。有特殊愉快的酸味。苹果酸主要用于食品和医药行业。

转基因食品

遗传工程有希望使粮食更有利于人的健康，更可预测收获，少用合成杀虫剂和提高用水的效率。遗传工程取得的成果称为“转基因”产品，首先上市的是小宗商品，像超级市场保鲜番茄和干酪生产中使用的一种细菌生产的酶。这种酶以前不得不从牛的胃中提取。转基因技术终于走出实验室和试验田，进入玉米、大豆和棉花作物的日常耕作。

1996 年春，美国伊利诺伊西部许多农场主种植了一种大豆新品种，这种大豆是移植了矮牵牛的一种基因。这个新大豆品种可以抵抗杀草剂——草甘膦（毒滴混剂），草甘膦会把普通大豆植株与杂草一起杀死。

转基因大豆

当然转基因食品存在着许多安全隐患。

首先是毒性问题。一些研究学者认为，对于基因的人工提炼和添加，可能在达到某些人们想达到的效果的同时，也增加和积聚了食物中原有的微量毒素。

其次是过敏反应问题。对于一种食物过敏的人有时还会对一种以前他们不过敏的食物产生过敏，比如：科学家将玉米的某一段基因加入到核桃、小麦和贝类动物的基因中，蛋白质也随基因加了进去，那么，以前吃玉米过敏的人就可能对这些核桃、小麦和贝类食品过敏。

第三是营养问题。科学家们认为外来基因会以一种人们目前还不甚了解的方式破坏食物中的营养成分。

第四是对抗生素的抵抗作用。当科学家把一个外来基因加入到植物或细菌中去，这个基因会与别的基因连接在一起。人们在服用了这种改良食物后，食物会在人体内将抗药性基因传给致病的细菌，使人体产生抗药性。

趣味点击　草甘膦

草甘膦是一种有机磷除草剂，纯品为非挥发性白色固体，比重为 0.5，大约在 230℃ 左右熔化，并伴随分解。25℃ 时在水中的溶解度为 1.2%，不溶于一般有机溶剂，其异丙胺盐完全溶解于水。它是一种非选择性内吸传导型茎叶处理除草剂，20 世纪 70 年代初由孟山都公司开发，通常使用时一般将其制成异丙胺盐或钠盐。草甘膦的除草性能优异，极易被植物叶片吸收并传导至植物全身，对一年生及多年生杂草都有很高的活性。

第五是对环境的威胁。在许多基因改良品种中包含有从杆菌中提取出来的细菌基因，这种基因会产生一种对昆虫和害虫有毒的蛋白质。在一次实验室研究中，一种蝴蝶的幼虫在吃了含杆菌基因的马利筋属植物的花粉之后，产生了死亡或不正常发育的现象，这引起了生态学家们的另一种担心，那些不在改良范围之内的其他物种有可能成为改良物种的受害者。

最后，生物学家们担心为了培养一些更具优良特性，比如说具有更强的抗病虫害能力和抗旱能力等，而对农作物进行的改良，其特性很可能会通过花粉等媒介传播给野生物种。

多彩的玉米

转基因玉米，是把种属关系十分遥远，但有用的植物基因（如马铃薯）导入需要改良的玉米遗传物质中，并使其后代体现出人们所追求的具有稳定的遗传性状的玉米。

这种彩色玉米，是一年生直立草本，叶两列，长 9 厘米，雌雄异花同株，植株高 100～150 厘米。

春季 4 月于露地直接播种或育苗，播种深度约 1.5 厘米，长出 4 片叶子后可分苗，苗高 10～12 厘米进行移盆，生长期间适当施肥。喜阳光充足温暖环境，栽培方法和普通玉米一样。

彩色玉米

彩色玉米作为一项新兴的种植业，近年来正在我国大江南北悄然兴起。由于彩色玉米营养成分比普通玉米高，加之种植方法简单，又宜于鲜食和加工，经济效益一直是普通玉米的几倍甚至十几倍，因此，彩色玉米的种植与加工，被专家誉为中国未来具有广阔开发利用前景的农业项目之一。

目前彩色玉米主要有以下品种：

1. 印度红玫瑰爆裂玉米。该品种采用系统杂交方法选育而成。株高160厘米，穗长15厘米左右，籽粒红色，光彩鲜丽，穗型整齐美观，品质一流，爆花率极高，亩产300千克。

2. 巴西五彩黏玉米。该品种又叫“变色玉米”，是从巴西单穗引进、系统选育而成的新型黏玉米。最大特点是自然分色，种时种子为黑红色，待青玉米成熟后即变成黑、白、黄等颜色相间美丽多彩的玉米，让人既惊奇又喜爱，食用香黏可口，风味独特，抢早栽培85天左右即可上市，效益十分可观。

3. 泰国花仙子黏玉米。该品种是从泰国引入的集色、香、味、营养于一身的新型特种玉米。全生育期105天，鲜食85天，玉米颜色红黄相间，整齐有序，既有艺术观赏价值，又有食用价值，俗称“八里香”（指在远的地方就能闻到烤食玉米的芳香味），市场堪称一绝，既可鲜食，又可速冻保鲜和加工，推广价值极大。

4. 韩国紫金香黑玉米。这是最新从韩国引入的晚熟多穗型玉米单交种。全生育期130天左右，盖膜可提前，单株结穗2~3个，穗长10~15厘米。紫金香不仅色泽独特，且营养丰富，集黏、甜、香于一身，可鲜食，也可速冻加工，效益极其明显，是个难得的晚熟黑玉米品种。

5. 日本白如雪甜糯玉米。该品种是从日本引入、最新育成的一代杂交种，是目前国内公认的综合性状表现最为优秀的白色甜糯玉米品种。生育期120天，鲜食100天左右，95%以上可结有双穗，穗大小均一致，长22~25厘米，质地雪白甜黏香嫩，皮薄少渣，宜于鲜食和加工。由于该品种双穗率高，种一亩地可顶两亩效益，是国内大有开发前景的新型特种玉米品种。

拓展阅读

遗传物质

遗传物质即亲代与子代之间传递遗传信息的物质。除一部分病毒的遗传物质是RNA外，其余的病毒以及全部具典型细胞结构的生物的遗传物质都是DNA。这种物质是染色体的主要成分。它还存在于细胞核外的质体、线粒体等细胞器中。

造福人类的基因工程

动物与人类的亲密接触

ZAOFU RENLEI DE JIYIN GONGCHENG

自从达尔文创立生物进化论后，多数人相信人类是生物进化的产物，现代人和现代类人猿有着共同的祖先。但人类这一支系是何时、何地从共同祖先这一总干上分离开来的？什么是它分离开的标志？原始人类又是何时、何地转化为真人的？这一系列问题到现在都没有完全解开。

自从遗传现象被发现以来，人们通过基因技术，不断地探索人类自身的起源以及地球上其他生物的奥秘。为此，各国的科学家花费了大量的心血来研究。科学家利用基因手段实现了许多生物领域的突破，克隆出了品质优良的家禽，造福人类。

然而，基因也有其不利的一面，当人类为自己在基因工程取得的成绩沾沾自喜时，基因所引发的负面效应接踵而至，疯牛病、口蹄疫以及各种奇怪的病症开始侵袭人类。同时，人类对环境的改变也对动物基因产生了影响，使得某些动物面临生存威胁。

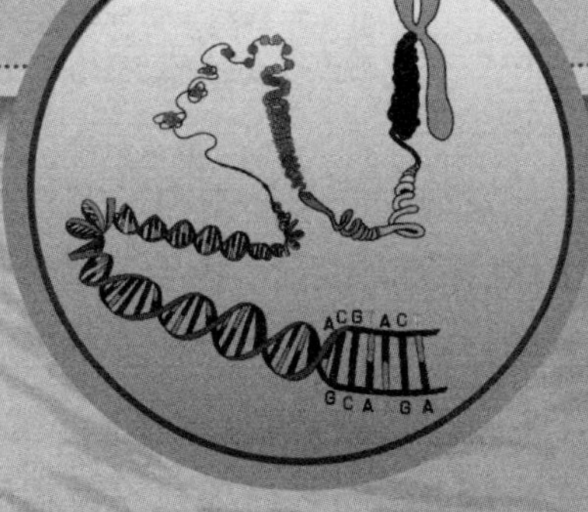

猿是人类的祖先

人类的祖先是猿。猿类是从渐新世开始出现的，距今大约已有 3000 万年了。可是，并不是所有的猿都是人类的直系祖先，有些猿是人类的“伯父”，有些猿是人类的“叔父”。被人类学家认为是人类祖先的猿是很晚才出现的，那就是用印度古代史诗中的一个英雄王子——罗摩的名字命名的拉玛猿（罗摩的译名现统一为拉玛）。它们生活在距今约为 1000 万～1500 万年前。拉玛猿首先是在印度、巴基斯坦的西瓦利克山发现的。20 世纪 60 年代后期，在匈牙利的早新世煤层中所发现的鲁达古猿，也属于拉玛猿。尤其是 1976 年在我国云南禄丰县石灰坝煤窑中发现的一个相当完整的拉玛猿类型的下颌骨化石，是世界上已发现的同类标本中最完整、最接近于人类的早期祖先。时间距今也是在 1000 多万年以前。据发掘实物估计，禄丰古猿身体有黑猩猩那样大小，吻部短缩，犬齿不发达，缺乏一般猿类常用的“武器”。然而，它们具有比其他动物略高一筹的智力，加上经常在开阔的地面上活动，促使它们进一步手足分工。因此，有人认为禄丰古猿能用手抓握树枝或别的

拓展阅读

匈牙利

匈牙利共和国，简称匈牙利，中国古称其为马扎儿，是一个位于欧洲中部的内陆国家。匈牙利东邻罗马尼亚、乌克兰，南接斯洛文尼亚、克罗地亚、塞尔维亚，西靠奥地利，北连斯洛伐克，边界线全长 2246 公里。首都为布达佩斯。该国自然资源贫乏，主要矿产是铝土，蕴藏量居欧洲第三。全国三分之二的地区有地热资源。农业占重要地位，主要产品有小麦，玉米，马铃薯和甜菜。工业以机械制造，精密仪器，食品加工和纺织为主，葡萄酒酿造非常出名。2007 年以后，由于全球经济危机的影响，匈牙利经济迅速衰退。

自然物进行防御和取食。既然如此，手已经分化出来，两条腿也应该能直立了。

《简易经》里最早记载："猿人也，猿猴也，一祖二别也。同是灵物，我别灵而有慧进化也，他别灵而无慧守宗也。"说明猿人和猿猴是一个祖上猿类。猿人和猿猴都是有灵性的动物，只是猿人的灵性有慧根，才进化为人类，而猿猴虽然有灵性，没有智慧就没有进化，基本上守住祖宗的原样，有进化也不大。

人类进化

类人猿，是灵长类动物，猩猩科和长臂猿科动物的总称，也叫作猿类。包括大猩猩、黑猩猩、猩猩和长臂猿等。因其形态结构和生理功能与人相似，亲缘关系与人最为接近，故称类人猿。类人猿是灵长目中除了人以外最为高等的动物，如具有复杂的大脑，牙齿的数目与结构、眼的位置、外耳的形状、盲肠蚓突、胸廓、血型、怀孕期7~9个月、寿命可达几十年等，均与人相近。而且，无尾、无颊囊和臀疣(长臂猿例外)，其中，黑猩猩与人类99%的基因是相同的。

到底是哪些基因让人类在与黑猩猩"分家"之后，变得如此独特？科学家正在寻找那些让我们有别于其他灵长类物种的遗传差异。2005年，科学家完成了人类与黑猩猩的基因比较，获得了有关人类大脑在过去几百万年间发生重大变化的重要发现。

科学家称，一旦大猩猩和其他几个灵长类动物的基因排序完成，那么就可以解释是什么造就了我们成为人类。

科学家没等黑猩猩基因图出来就开始探测人类与猿之间的根本区别。当古生物学家收集越来越多的化石时，就从解剖学方面来寻找区别，结果发现人类进化的家谱图，并知道了在我们大脑进化前的数百万年前，我们就已经直立行走了。

直到20世纪60年代，我们才从分子水平知道我们与猿之间的差别。后来，科学家就掌握了黑猩猩与人类的基因差异，并发现，一个叫“FOXP2”的突变基因，在20万年前的进化中，对人类语言能力的提升起了关键作用。2004年，美国科学家识别了“染色体7”上的一个基因上的一个微小变异，此基因与阴凝蛋白的生产有关，而这种蛋白能使肌肉收缩。现代人都有此基因，而其他灵长类动物没有这些基因，因此，科学家推断这是我们祖先在大约200万年前进化成小下巴肌肉的原因。小下巴肌肉无力，导致脑壳和脑袋增大。不过，这一推断存在争议。

◎人类与猿分道扬镳源于基因进化

《科学》杂志曾发表的一篇文章解释了基因是如何推动我们与猿分道扬镳的。美国科学家在大脑区发现了一个叫“DUF1220”的基因，此基因与大脑的高度认识能力息息相关。科学家发现，此基因的变种在许多灵长类中都有，但人类携带最多。

另一发现也描写一个与人类发展的关键基因。美国加州大学的科学家用电脑来查找人类、黑猩猩和其他脊椎动物的基因变化速度，发现了49个分散区域与进化有关，他们称之为“人类加速区（HARS）”。

在此区域中，令人感兴趣的是一个进化最快的区域——HAR1，其进化速度比其他基因快约70倍。HAR1在妊娠期的大脑发育中可能同语言、意识思维和感知等高级功能有关。这一过程发生在妊娠后第7～19周之间，这是一个关键时期，因为许多神经细胞正开始执行各自的功能。所以科学家推断，它可能在人类大脑皮层比原来增长3倍的过程中起到了至关重要的作用。

现代人类可能是人类祖先与黑猩猩杂交的后代。

基因比较导致一个令人瞠目的研究结果——人类祖先可能与黑猩猩“同居”过，并繁衍后代，继而有一支再进化成了现代人类。此研究结果是人类基因组计划的最新成果。

据此，科学家认为，原始人类和黑猩猩、大猩猩、猩猩、短尾猴拥有同一祖先，其中，人类与黑猩猩在1000万年前进行了第一次分裂。接着，人类和黑猩猩朝不同方向进化，彼此告别了400万年后，它们又藕断丝连地走到了一起，并开始了“夫妻生活”。新结合的结果是诞生了一个新的、兼有人类和黑猩猩特征的第三种“杂交群体”。共同生活约120万年之后，它们做了最后的告别，经过第二次分裂后，产生了3个不同的分支，一支形成了现代人类，而另一支形成了现代的黑猩猩，还有一支灭绝了。因此，新结论认为，现代人类原来是古人类与黑猩猩杂交的后代。

黑猩猩

而且，年轻的X性染色体证明，人类祖先和黑猩猩祖先很可能在较长的一段时间里有过杂交。研究人员发现，人类和黑猩猩之间的不同基因在很长一段时间内一直出现过分岔。从年代来看，两者的X性染色体都非常“年轻”，比其他染色体的平均年龄小120万年左右。这是因为人类和黑猩猩杂交后导致X性染色体的选择范围更多，经过基因重组后，它们的X性染色体就比其他染色体年轻。这表明人类和黑猩猩拥有共同的祖先，到距今比较近的时候才彼此分裂。

黑猩猩和人的基因仅有1%

广角镜

短尾猴

短尾猴俗名红面猴，分布于西南及广东、广西，繁殖方式胎生。短尾猴栖息于亚热带常绿阔叶林中，生活在树上，也常集群在地面活动。体型比猕猴大，体长50~56厘米。成体颜面鲜红色，老年紫红色，幼体肉红色。耳较小，尾短光秃无毛。体背毛色棕褐，披毛较长，腹面略浅；头顶毛较长，由中央向两侧披开。食性较杂，既取食野果、树叶、竹笋，也捕食蟹、蛙等小动物。

的差别，基因破译工作将最终揭开人类形成之谜。

德国和美国科学家利用破译人类基因组的技术，对穴居人 30 多亿对 DNA 链进行破译和排序，以寻找人类与穴居人是否曾有相互交配的证据。如果曾相互交配，在他们的后代又发生了什么。研究人员相信，如果破译出穴居人所有的遗传密码，不仅能找到他们在人类进化史上扮演什么样的角色；作为人类的近亲，他们是否与人类“通婚”，如果有，他们的后代怎样了？破译了密码，还能寻找穴居人与人类的不同，可以为预防人类疾病提供线索。

科学家们希望通过对比黑猩猩、人类和穴居人的 DNA 发现是什么样的基因造就了我们人类。通过以前的基因分析工作，黑猩猩和人的基因仅有 1% 的差别，而在这 1% 里，穴居人和人类有 96% 是相同的，另外的 4% 是和黑猩猩一样的。德国马克斯·普朗克人研究院的斯沃特·帕博说：“对这些不同和相同的对比，科学家们希望找到人类进化的明显特征，甚至是人类的认知能力如何形成。”

基本小知识

灵长类动物

灵长类动物是哺乳纲的一个目，是目前动物界最高等的类群。大脑发达；眼眶朝向前方，眶间距窄；手和脚的指（趾）分开，大拇指灵活，多数能与其他指（趾）对握。包括原猴亚目和猿猴亚目，主要分布于世界上的温暖地区。灵长类中体型最大的是大猩猩，体重可达 275 千克，最小的是倭狨，体重只有 70 克。人类属于灵长目动物。

可爱的小老鼠

老鼠，是一种啮齿动物，体形有大有小；种类多，有 450 多种；数量大，繁殖速度很快；生命力很强，几乎什么都吃，在什么地方都能住。会打洞、上树，会爬山、涉水，而且糟蹋粮食、传播疾病，对人类危害极大。然而现在老鼠也可以成为人类的朋友了。小白鼠不仅能够用来做实验，还可以作为宠物来饲养。

小白鼠

美国科学家还成功地破译了老鼠基因组序列，老鼠体内约有 3 万个基因，数量与人类基因接近，其中约 99% 的基因与人类基因相似，作为生物学和医学研究中重要的模式动物，老鼠是基因组测序浪潮中的重点对象之一。破译老鼠基因组工作是由美国国立卫生研究院和英国威康信托机构资助的，美、英、德等国许多科研机构携手合作，共同绘制了这份老鼠基因组草图。

这份基因组草图显示，老鼠的 20 对染色体上共有约 25 亿个碱基对，与人类 23 对染色体上的 29 亿个碱基对相当接近。两个物种的基因数目大约都是 3 万个，其中绝大部分相同。而且 DNA 链上基因与基因之间的“空白”片断也非常相似。

科学家称，人类与老鼠共享着 80% 的遗传物质和 99% 的基因，老鼠遗传构成与人类如此接近，通过将鼠基因组与人类基因组进行比较，将有助于了解人类自身，有助于了解人类细胞工作过程及基因变异与疾病的关系，知晓很多关于人类疾病和生理机能的信息。比如，科学家可以通过关闭老鼠体内的某些基因，来研究可能产生的结果；也可以通过寻找老鼠体内的变异基因，发现基因与某些疾病的关系。承担 1/5 老鼠基因组破译任务的英国桑格研究中心主任艾伦·布拉德利表示，老鼠基因组测序，再次表明了动物研究在攻克人类疾病中的重要作用。通过对老鼠的实验，人们可以开发出治疗这些疾病的新手段。

欧洲生物信息研究所伯尼表示，人类的许多疾病，如癌症、心脏病、艾滋病及糖尿病等都可以以老鼠为对象进行研究。实际上，可用老鼠进行研究的疾病种类有上千种。但科学家同时表示，老鼠基因组测序只是基因组研究的第一步，要真正了解每个基因的功能，可能还要花费几十年的时间。

目前，人类对于生命现象本质的探索逐步加深，如研究基因结构与功能的关系，细胞核与细胞质的相互关系，胚胎发育调控以及肿瘤等，这都需要转基因老鼠做出“牺牲”。转基因动物是指以实验方法导入外源基因，在染色体组内稳定整合并能遗传给后代的一类动物。1981 年，第一次成功地将外源基因导入动物胚胎，创立了转基因动物技术。1982 年获得转基因小鼠。转入大鼠的生长激素基因，使小鼠体重为正常个体的 2 倍，因而被称为“超级小鼠”。

知识小链接

啮齿动物

啮齿动物是一个包含了啮齿目和兔形目（兔、野兔和鼠兔）的演化支。对啮齿动物是一个单系群的假定，长久以来都存在着很大的争议，尽管最近的形态学研究强烈地支持啮齿动物是单系群的，尤其是基本成员新的化石发现填补了啮齿目和兔形目之间的裂缝。细胞核 DNA 的资料支持啮齿动物是灵长动物的旁系群，且两者组成灵长总目，但有些从细胞核和线粒体 DNA 得出的基因资料却对此论点较少支持。一份对逆转位子存在/消失的研究则无疑地支持了啮齿动物的假定。

这在遗传学上具有重大意义的转基因动物的研究培育成功，展现出诱人的光明前景。如果将外源基因导入家畜，能使家畜朝人类希望的目标靠拢，如肉质改善、饲料增效、个体增大、体重增加、奶量提高、脂肪减少等。例如将长瘦肉的基因导入猪细胞中，猪就成为瘦肉型；将促乳汁分泌的基因导入牛、羊细胞中，这些转基因牛、羊乳汁

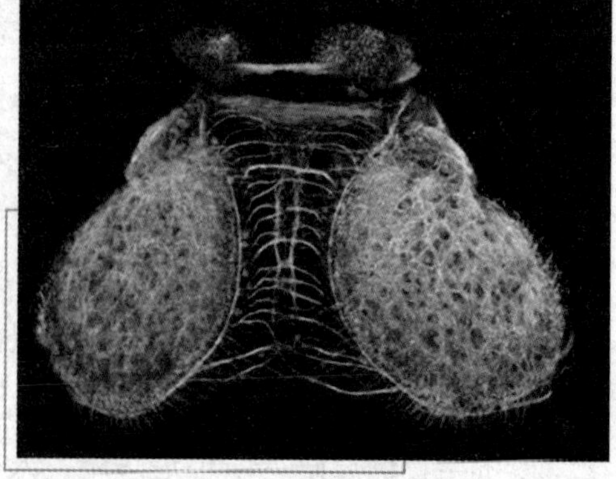

转基因老鼠的胚胎

猛增；还有科学家将貂的长皮毛基因导入羊细胞中，培育出长出类似貂毛毛皮的羊。这些羊易养，繁殖快，且“羊貂皮”面积数倍于貂皮，将使“貂皮”时装进入寻常百姓家。

用基因转移技术增强动物抗病力的研究，也很鼓舞人心。导入抗病或抗寄生虫的外源基因，牛便不怕疯牛病，猪便不怕瘟……从而使畜牧业“旱涝保收”，成为黄金产业。

狗是人类最好的朋友

美国研究人员首次绘出了狗的基因组序列草图，并通过对草图进行初步分析发现，被视为“人类最好朋友”的狗，在基因水平上与人类的相似程度要超过人类与鼠。

马里兰州基因组学研究所和基因组学促进中心的研究人员，在美国《科学》杂志上发表了一项研究成果。研究人员在文中介绍说，他们绘出的序列草图约覆盖狗基因组的80%，测序量相当于狗基因组的15倍。初步分析显示，人类与狗基因组之间约有65亿个碱基对部分相同，在已识别出的24万多个人类基因中，约有75%在狗基因组中存在对应物。

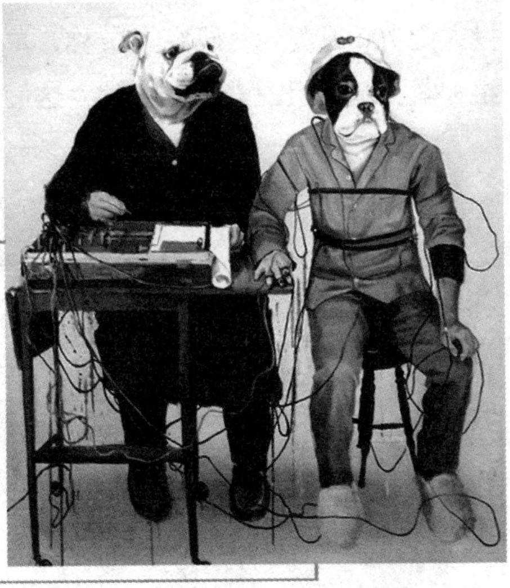

人与狗

研究人员还将狗基因组草图和人类及鼠的基因组序列图进行了比较。结果发现，人类、鼠和狗曾拥有共同祖先，但狗最早从进化路线上分离成独立物种。从进化角度看，人类与鼠在时间上更为接近。尽管如此，人类和狗基因组之间的相似性，却比鼠和人类、鼠和狗基因组之间的相似性都要大。

小狗和杯子

狗是继人和鼠之后第三种被绘制基因组草图的哺乳动物。自距今 1 万~15 万年前被人类驯养以来，许多品种的狗在漫长的选择育种过程中患上很多疾病。据估计，狗身上有 360 多种遗传疾病与人类疾病相似。因此，测定狗的基因组图谱，并将其与人类基因组图谱进行比较分析，对寻找人和狗的致病基因都将有帮助。

目前，美国怀特黑德基因组研究中心正以拳师狗为对象，绘制狗基因组的精确序列图，其测序工作量预计达到狗基因组的 8 倍，耗资数千万美元。马里兰州基因组学研究所和基因组学促进中心在绘制狗基因组草图过程中仅投入约 700 万美元。研究人员称，草图虽然粗糙，但鉴于目前已有人类基因组和鼠类基因组图谱可供比较，这使他们能够对狗基因组草图进行分析并获得有用信息。研究人员认为，利用这种方法，将来可以低成本、高效率地对更多物种进行基因组测序。

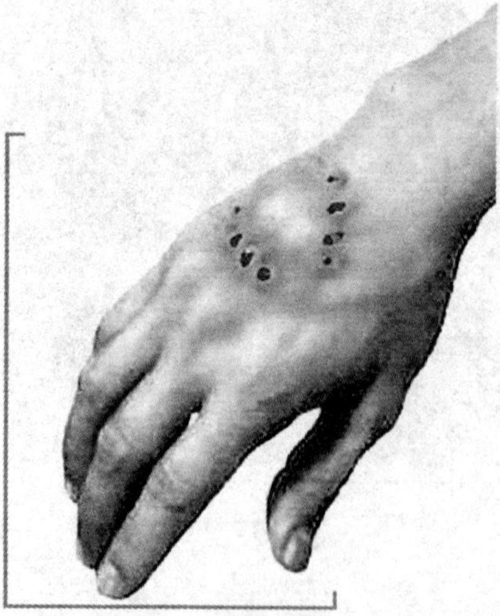
被狗咬伤

虽说“狗是人类最好的朋友”，但也别忘了，还有一句老话是“狗急了也会跳墙”。据卫生部资料统计，至 2003 年狂犬病病死率居各类传染病之首。随着养狗和家养宠物数量的增多，以及缺乏对犬和猫等宠物的严格管理，加之对狂犬病防治知识的普及不够，使我国狂犬病发病率已连续 5 年回升。流行病学调查表明，外观健康犬的带病毒率高达 5% ~

10%，咬人可疑犬的带病毒率在30%以上，而野生动物的带病毒率目前尚不清楚，貌似健康而携带狂犬病病毒的动物已成为狂犬病最危险的传染源。

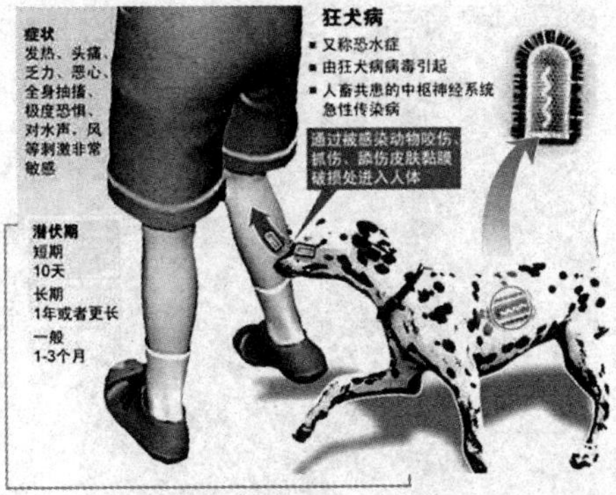

狂犬病理

被狗咬伤要及时就诊，在24小时内打狂犬疫苗。否则就会出现是食欲不振，看见水就恐惧、狂叫、痉挛，碰到人畜或其他物体就咬，精神失常，恶心，流涎，呼吸困难等症状，最后全身瘫痪而死亡。

基本小知识

狂犬病

狂犬病，俗称疯狗症，是一种人畜共患传染病，病原体为狂犬病病毒，它会导致动物的急性脑炎和周围神经炎症，没有接受疫苗免疫的感染者，当神经症状出现后几乎必然死亡，通常的死亡原因都是由于中枢神经（脑－脊髓）被病毒破坏，最终死于植物神经受损导致的脏器衰竭。但是只要及时地接种疫苗，一般都能诱发机体产生足够的免疫力以消灭病毒。

鸡的基因图谱

美国华盛顿大学威尔逊博士领导的一个小组经过一年工作，已首次成功测绘并组装出鸡的基因组序列草图。这也是迄今完成的首张禽鸟类物种的基因组序列草图。科学家们选择了家鸡的远祖——红原鸡为测绘对象，绘出的草图中约包含10亿个碱基对。

在中科院北京基因组研究所领导下，由中国、英国、瑞典、荷兰、德国和美国科学家组成的小组，还宣布绘成了一张鸡的遗传差异图谱。这张图谱

红原鸡

以红原鸡基因组序列草图为参考框架，分别对来自英国、瑞典和中国的 3 个肉鸡、蛋鸡和乌鸡品种基因组进行了测序分析，并在此基础上识别出约 200 万个遗传差异，其中绝大多数为单核苷酸多态性位点。

通过比较，科学家们惊奇地发现，我们人类的基因组合和鸡的基因组合有共同之处，而且这一共同之处比人和老鼠的共同之处还要明显。

这一发现之所以令人惊奇，是由于我们以前只重视用啮齿类动物（如鼠、兔等）来做实验。当我们探索人类基因的特性（如疾病的遗传）时，我们往往首先选择用鼠类来进行实验。然而，英国罗斯林学院的大卫·伯特和他的同事们进行的研究表明：在一定意义上，我们把研究对象选错了。

他们利用家鸡的基因组图与人和老鼠的基因组图的数据做了比较。结果表明：人与鸡的染色体上基因组合分布方式，比人和鼠的基因组合分布方式更接近。

比较基因组图只是比较方法中的一种，另一种比较方法是比较基因本身。如果用后一种方法比较，人类则更像鼠。

目前已证实鸡是生物学家进行神经系统发生、免疫学以及肢体发育研究的重要脊椎动物模型，亦常用于研究人类基因缺欠

拓展阅读

禽流感

禽流感，全名鸟禽类流行性感冒，是由病毒引起的动物传染病，通常只感染鸟类，少见情况会感染猪。自从 1997 年在香港发现人类也会感染禽流感之后，此病症引起全世界卫生组织的高度关注。其后，本病一直在亚洲区零星爆发，但在 2003 年 12 月开始，禽流感在东亚多国严重爆发，并造成越南多名病人丧生。

引起的失明——色素性视网膜炎，与年龄相关的黄斑退行性改变以及发育和肥胖症。

由于鸡和鸡蛋的营养价值都是相当高的，鸡的基因组测序计划可以致力于改良鸡的健康状况，为人类提供更健康的食物，同时还可提高经济效益。此外，鸡遗传差异图谱的绘制完成在防治禽流感领域也有用途，比如从遗传差异的角度来研究不同鸡种对禽流感病毒的易感性，从而找出抗病基因。在禽流感防治、改善家禽和人类健康等领域都将有很大应用价值。

疯了的牛

上面的章节曾经提到过克隆牛，牛作为家畜，除了提供奶源、肉源外，还是人类田间地头的劳动工具。然而牛一旦发起疯来也是不得了的。

1985 年 4 月，医学家们在英国发现了一种新病，专家们对这一世界始发病例进行组织病理学检查，并于 1986 年 11 月将该病定名为 BSE，首次在英国报刊上报道。10 年来，这种病迅速蔓延，英国每年有成千上万头牛患这种神经错乱、痴呆，不久死亡的病。此外，这种病还波及世界其他国家，如法国、爱尔兰、加拿大、丹麦、葡萄牙、瑞士、阿曼和德国。据考察发现，这些国家有的是因为进口英国牛肉引起的。医学家们发现 BSE 的病程一般为 14 ~ 90 天，潜伏期长达 4 ~ 6 年。这种病多发生在 4 岁左右的成年牛身上。其症状不尽相同，多数病牛中枢神经系统出现变化，行为反常，烦躁不安，对声音和触摸，尤其是对头部触摸过分敏感，步态不稳，经常乱踢以至摔倒、抽搐。发病初期无上述症状，后期出现强直性痉挛，粪便坚硬，两耳对称性活动困难，心搏缓慢（平均 50 次/

患疯牛病的牛

分），呼吸频率增快，体重下降，极度消瘦，以至死亡。经解剖发现，病牛中枢神经系统的脑灰质部分形成海绵状空泡，脑干灰质两侧呈对称性病变，神经纤维网有中等数量的不连续的卵形和球形空洞，神经细胞肿胀成气球状，细胞质变窄。另外，还有明显的神经细胞变性及坏死。医学家研究证实，牛患 BSE，是痒病传到牛身上所致。痒病是绵羊所患的一种致命的慢性神经性机能病。其实痒病的发生已有 200 余年的历史。不过，医学界至今未能找到导致痒病的根源，因此，疯牛病的病原也就难以确定。

牛海绵状脑病无肉眼可见的病理变化，也无生物学和血液学异常变化。典型的组织病理学和分子学变化都集中在中枢神经系统。

牛海绵状脑病有三个典型的非炎性病理变化：

1. 出现双边对称的神经空泡具有重要的诊断价值，这包括灰质神经纤维网出现微泡，即海绵状变化，这是牛海绵状脑病的主要空泡病变。牛海绵状脑病很少见其他类型的大空泡，而这类空泡是痒病的特征性病变。

2. 星型细胞肥大常伴随于空泡的形成。

3. 大脑淀粉样病变是痒病家族病的一个不常见的病理学特征，牛海绵状脑病存在淀粉样病变，但不多见。

分子病理学变化：除了痒病家族应有特征性组织病理变化外，牛脑组织提取液中还含有大量的异常纤维（SAF），可用电镜负染技术观察到，这对牛感染牛海绵状脑病的确诊非常重要。

SAF 容易纯化，可从正常的膜糖蛋白 PrP 中提取，PrP 存在于许多组织中，尤其是脑组织。在痒病感染过程中，这种正常的蛋白经不正常的转录后修饰，从而具有形成原纤维的能力，这种修饰过的蛋白对蛋白水解酶具有部

你知道吗

什么是疯牛病？

疯牛病全名是牛海绵状脑病，是由传染因子引起的牛的一种进行性神经系统的传染性疾病，是一种传染性海绵状脑病。该病的主要特征是牛脑发生海绵状病变，并伴随大脑功能退化，临床表现为神经错乱、运动失调、痴呆和死亡。

分抵抗力，聚积在脑组织中，常比正常蛋白的浓度高约10倍。

食用被疯牛病污染了的牛肉、牛脊髓的人，有可能染上致命的克罗伊茨费尔德—雅各布氏症（简称克—雅氏症），其典型临床症状为出现痴呆或神经错乱、视觉模糊、平衡障碍、肌肉收缩等。病人最终因精神错乱而死亡。

医学界对克—雅氏症的发病机理还没有定论，也未找到有效的治疗方法。

塞舌尔莺偷情是为改进后代遗传质量

通过遗传手段进行的“父子鉴定”显示，许多表面上实行“一夫一妻”制的动物，暗地里却常常沉湎于“婚外情”。但是科学家一直没有搞清，对于动物而言，这些“违法”行径的好处到底在哪里。新的研究表明，在塞舌尔莺中，这种“越轨”行为很可能与获得具有免疫功能的基因有着重要的关系。

塞舌尔莺是一种鸣禽，栖息在印度洋塞舌尔群岛的一些岛屿上。在库辛岛上，可供塞舌尔莺繁殖的地区非常狭小，并且雌鸟对于伴侣的选择也不能太挑剔。但是对于这种选择上的缺陷通常可以利用一些“风流韵事”来弥补：库辛岛上40%塞舌尔莺雏鸟的父亲并不是它们母亲的配偶。

科学家推测，这种“偷情”可能是雌鸟为了改进后代的遗传质量而采用的一种策略。为了验证这种假设，英国诺威奇市东英格兰大学的分子生态学家大卫·理查森和同事，对雌鸟的配偶选择与不同个体的主要组织适合性综合（mhc）基因多样性之间的关系进行了研究。mhc是一组分子团，它在机体对于病原体的免疫反应中扮演着重要角色。对某些动物进行的研究显示，那些具有较高mhc多样性的个体能够更好地抵抗病原体的侵袭。

非洲塞舌尔莺

研究小组发现，在mhc多样性和“不忠”行为之间确实存在着某种关联：

与那些具有较高mhc多样性的雄塞舌尔莺相比，雌塞舌尔莺会更多地欺骗那些mhc多样性低于平均水平的雄塞舌尔莺。Richardson指出，雌塞舌尔莺看起来似乎不会选择那些mhc特征不明显的家伙，因此mhc多样性可能与其他一些特征有关，例如“歌唱”或者“打架”的高手，这些都使雄塞舌尔莺更具有吸引力，或者使它们更容易在其他同伴中脱颖而出。研究小组在《皇家学会学报b卷》电子版上报告了他们的这一发现。

美国马萨诸塞州波士顿剑桥城哈佛大学的进化生物学家斯科特·爱德华兹认为，这一研究结果非常重要。他说，之前对其他物种进行的个别研究，也“发现了这种无法解释的具有额外配偶的模式”，但是却没有人对mhc在鸟类的配偶选择中所起的作用进行研究。

基本小知识

病原体

病原体是能引起疾病的微生物和寄生虫的统称。微生物占绝大多数，包括病毒、衣原体、立克次体、支原体、细菌、螺旋体和真菌；寄生虫主要有原虫和蠕虫。病原体属于寄生性生物，所寄生的自然宿主为动植物和人。能感染人的微生物超过400种，它们广泛存在于人的口、鼻、咽、消化道、泌尿生殖道以及皮肤中。

气候变化改变动物基因

目前，天气变暖已经成为一个全球话题，对自然、气候、动植物，乃至人类都产生了巨大影响。两位美国科学家称，全球气候变化已开始改变鸟类、松鼠和蚊子等多种动物的基因。他们认为，气候变化对动物习性的影响会反映到遗传上，从而改变动物的进化方向。

美国俄勒冈大学教授布拉德肖和研究员霍尔茨阿普费尔在《科学》杂志上发表文章说，全球气候变化所导致的季节变迁，首先在部分动物的基因上得到反映。

目前，北半球适宜动物生长的季节变长、冬季变短而且气温上升，这导致部分动物向北方扩张，迁徙、发育和繁殖的时间提前。过去科学界将这种现象归因于“表型可塑性”，即一类动物的某些基因型能根据环境条件的变化调节自己的行为。

但布拉德肖等人认为，现在某些动物种群全体都按季节变化改变了生理节律，表明它们的基因已发生改变。比如，加拿大的红松鼠每年的繁殖季节提早，德国的一种莺迁徙时间也提前。

布拉德肖等人认为，动物基因适应季节变迁所发生的变化只是第一步，随后动物基因就会发生适应更温暖气候的变化，这种变化又会影响动物种群分布。

红松鼠

科学家们预测，未来体形较小、种群数量较庞大而生命周期较短的动物，可能更适应气候变暖；反之，体形较大、种群数量较小而生命周期较长的动物，可能进一步减少，有些可能会被更适应温暖气候的动物所取代。布拉德肖等人强调，除非人类认识到气候变化的长期影响并采取切实行动来减缓这种影响，否则人们所熟悉的自然世界“将不再存在”。

知识小链接

气　候

气候包括温度、湿度、气压、风力、降水量、大气粒子数及众多其他气象要素在很长时期及特定区域内的统计数据。与气候相比，天气是指这些气象要素在近两周内的实时状态。一个地方的气候是受该地的纬度、地形、海拔、冰雪覆盖情况以及附近水体及其水流状况影响的。气候可根据不同气象要素的平均范围和特殊范围进行分类，最常采用温度和降水量。

生来的病痛

随着人类对基因研究的不断深入，发现许多疾病是由于基因结构与功能发生改变所引起的。科学家将不仅能发现有缺陷的基因，而且还能掌握如何对基因进行诊断、修复、治疗和预防，这是生物技术发展的前沿。这项成果将给人类的健康和生活带来不可估量的利益。

所谓基因治疗是指用基因工程的技术方法，将正常的基因转入病患者的细胞中，以取代病变基因，从而表达所缺乏的产物，或者通过关闭或降低异常表达的基因等途径，达到治疗某些遗传病的目的。目前，已发现的遗传病有6500多种，其中由单基因缺陷引起的就有约3000多种。因此，遗传病是基因治疗的主要对象。第一例基因治疗是美国在1990年进行的。1991年，我国首例B型血友病的基因治疗临床实验也获得了成功。

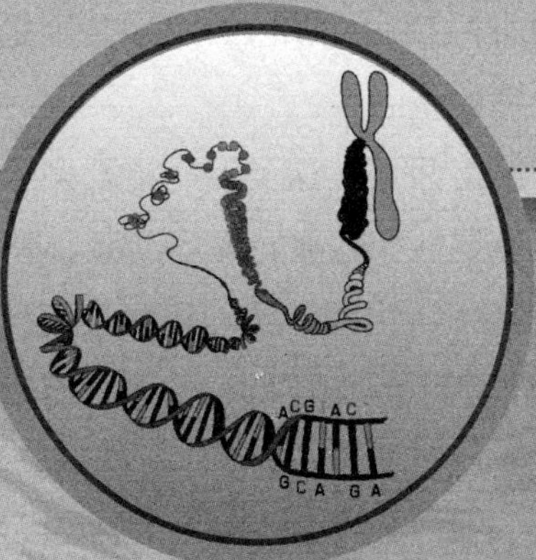

哪些病是与生俱来的?

遗传病是指由遗传物质发生改变而引起的或者是由致病基因所控制的疾病。由于遗传物质的改变，包括染色体畸变以及在染色体水平上看不见的基因突变而导致的疾病，统称为遗传病。根据所涉及遗传物质的改变程序，可将遗传病分为三大类：

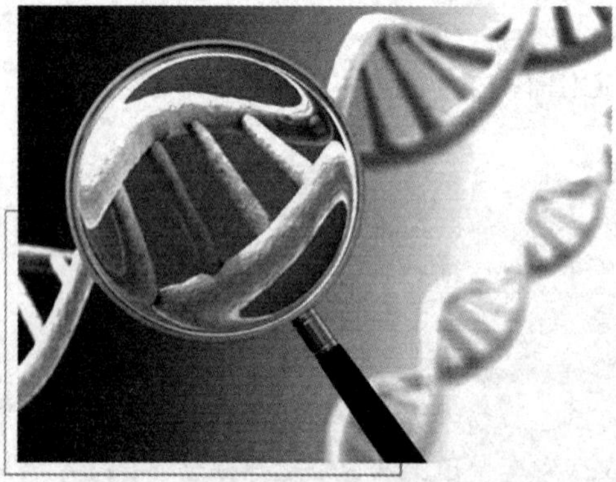

染色体异常

其一是染色体病或染色体综合征。遗传物质的改变在染色体水平上可见，表现为数目或结构上的改变。由于染色体病累及的基因数目较多，故症状通常很严重，累及多器官、多系统的畸变和功能改变。

其二是单基因病。目前已经发现超过5种单基因病，主要是指一对等位基因的突变导致的疾病，分别由显性基因和隐性基因突变所致。所谓显性基因是指等位基因（一对同源染色体同位置上控制相对性状的基因）中只要其中之一发生了突变即可导致疾病的基因。隐性基因是指只有当一对等位基因同时发生了突变才能致病的基因。

第三是多基因病。顾名思义，这类疾病涉及多个基因起作用，与单基因病不同的是这些基因没有显性和隐性的关系，每个基因只有微效累加的作用，因此，同样的病不同的人由于可能涉及的致病基因数目上的不同，其病情严重程度、复发风险均可能有明显的不同，且表现出家族聚集现象，如唇裂就有轻有重，有些人同时还伴有腭裂。值得注意的是多基因病除与遗传有关外，环境因素影响也相当大，故又称多因子病。很多常见病如哮喘、唇裂、精神分裂症、无脑儿、高血压、先心病、癫痫等均为多基因病。

知识小链接

哮喘

支气管哮喘（简称哮喘）是一种常见病、多发病，大家熟知而又非常喜爱的著名歌星邓丽君就被哮喘夺去了生命。目前，全球哮喘患者约3亿人，中国哮喘患者约3000万。哮喘是影响人们身心健康的重要疾病。治疗不及时、不规范，哮喘可能致命，而规范化治疗，当今的治疗手段可使接近80%的哮喘患者疾病得到非常好的控制，工作生活几乎不受疾病的影响。每年5月的第一个周二为世界哮喘日，旨在提醒公众对疾病的认识，提高对哮喘的防治水平。

常见的遗传病主要有：

◎一、高血压

科学家已培育成功一种“遗传性自发高血压”老鼠。这种老鼠会把高血压的基因一代代传下去，它们的子孙100%会发生高血压，这是高血压与遗传密切相关的最典型例子。

目前多数学者认为，高血压属于多基因遗传性疾病。通过高血压患者家系调查发现，父母均患有高血压者，其子女今后患高血压的概率高达45%；父母一方患高压病者，子女患高血压的几率是28%；而双亲血压正常者其子女患高血压的概率仅为3%。

高血压患者应该注意：1. 坚持监测血压，正常状态下至少每年一次；2. 限盐补钾。逐步把每日摄入食盐的量控制到5克，同时多吃富含钾的水果、蔬菜（如香蕉、核桃仁、莲子、香菜、苋菜、菠菜等）；3. 防止超重和肥胖；4. 戒烟限酒。

◎二、糖尿病

糖尿病具有明显的遗传易感性（尤其是临床上最常见的Ⅱ型糖尿病）。家系研究发现，有糖尿病阳性家族史的人群，其糖尿病患病率显著高于家族史阴性人群。而父母都有糖尿病者，其子女患糖尿病的机会是普通人的15～20倍。

诱发糖尿病的外因有：热量摄取太多，活动量下降，肥胖，吸烟以及心理压力过大等。反过来，避免以上因素就可预防糖尿病。在饮食方面，应该做到粮食、肉蛋奶、蔬菜、水果的合理搭配，注意摄入量与消耗量平衡。常测体重，如果体重增加了，热量肯定摄入过量，这时就应检讨你的食谱并增加运动。

◎三、血脂异常

血脂代谢异常有许多原因，其中之一就是遗传因素。随着医学科学的发展，目前已经发现有相当部分血脂异常患者存在一个或多个遗传基因缺陷。由遗传基因缺陷所致血脂异常多具有家族聚集性，有明显遗传倾向，临床上通称为家族性血脂异常。

患者最重要的是强调“迈开腿，管住嘴”：一方面要适当限制饮食，但食物种类应尽量丰富，选用低脂食物（植物油、酸牛奶），增加维生素、纤维素（水果、蔬菜、面包和谷类食物），控制体重。同时加强锻炼，使热量消耗掉才不至于使脂肪在体内堆积。

拓展阅读

纤　维　素

纤维素是由葡萄糖组成的大分子多糖。不溶于水及一般有机溶剂。是植物细胞壁的主要成分。纤维素是自然界中分布最广、含量最多的一种多糖，占植物界碳含量的50%以上。棉花的纤维素含量接近100%，为天然的最纯纤维素来源。一般木材中，纤维素占40%～50%，还有10%～30%的半纤维素和20%～30%的木质素。

◎四、乳腺癌

乳腺癌有明显的家族遗传倾向。流行病学调查发现，5%～10%的乳腺癌是家族性的。如有一位近亲患乳腺癌，则患病的危险性增加1.5～3倍；如有两位近亲患乳腺癌，则患病率将增加7倍。发病的年龄越轻，亲属中患乳腺癌的危险越大。

有乳腺癌家族史者要特别注意自查，以发现乳癌的蛛丝马迹，早期治疗。乳房包块是乳腺癌最常见的体征，这种包块与乳腺增生包块不同，常为单个，形态不规则，质地较硬，活动度不好，大多无疼痛，与月经周期无明显关系。此外，如发现有乳头湿疹、溢液、皱缩，也应引起重视，到医院做进一步检查。

◎五、胃癌

胃癌患者有明显的家族聚集性。调查发现，胃癌患者的一级亲属（即父母和亲兄弟姐妹）得胃癌的危险性比一般人群平均高出3倍。比较著名的如拿破仑家族，他的祖父、父亲以及3个妹妹都因胃癌去世，整个家族包括他本人在内共有7人患了胃癌。

患胃癌的危险因素包括缺乏体育锻炼、精神压抑、吸烟、喜食烟熏食品、喜食重盐饮食、过量摄入肉类、幽门螺杆菌感染、胃溃疡等。而喜食菌类、新鲜水果是胃癌的保护因素。值得注意的是，胃癌的家族聚集现象可能与共同感染幽门螺杆菌有关，有胃癌家族史者应去医院监测有无该细菌感染，有则及时治疗。

广角镜

幽门螺杆菌

幽门螺杆菌或幽门螺旋菌是革兰氏阴性、微需氧的细菌，生存于胃部及十二指肠的各区域内。它会引起胃黏膜轻微的慢性发炎，甚或导致胃及十二指肠溃疡与胃癌。超过80%的带原者并不会表现出症状。世界超过50%人口在消化系统上部感染幽门螺杆菌。幽门螺杆菌的传染途径不明，但个体通常是在幼时被感染。

◎六、大肠癌

家族遗传导致的大肠癌占大肠癌发病总人数的10%～15%。亲属中有大肠癌患者的人，患此病的危险性比普通人大 3 ~ 4 倍，如果家族中有两名或以上的近亲（父母或兄弟姐妹）患大肠癌，则为大肠癌的高危人群。

有大肠癌家族史者应多吃新鲜食物，少吃腌、熏食物，不吃发霉食物，少饮含酒精饮料，戒烟。如出现以下症状要及时去医院检查：①大便习惯改变，大便次数增多，或腹泻与便秘交替出现；②大便带脓血或黏液便；③大便变细、变形，排便费力；④时有排便感，却无大便解出。

◎七、肺癌

国外研究机构对超过 10.2 万名日本中老年人展开了长达 13 年的追踪调查，他们中共出现了 791 例肺癌。研究者将直系亲属有肺癌患者和没有肺癌患者的两组人进行对比，结果发现前者患病几率是后者的两倍。肺癌的遗传性在女性身上表现得尤为明显。

肺癌的发生与吸烟密切相关，特别是那些有家族肺癌病史的人，一定要远离烟草和被动吸烟。如果出现刺激性咳嗽、痰血等症状，尤其是上述高危人群，应尽早找医生诊治。如果能早期发现并规范治疗，肺癌的治愈率可以达到 70%。

拓展阅读

烟　草

烟草是茄科一年生草本植物，烟草属大约有 60 多种，但真正用于制造卷烟和烟丝的，基本只有红花烟草，此外还有少部分用黄花烟草，其他品种很少用。烟草含有尼古丁，尼古丁是一种生物碱，具有神经毒性，尤其对昆虫是致命的，但可以刺激人类神经兴奋，长期使用耐受量会增加，但也产生依赖性。据研究 3 支卷烟或半支雪茄烟中含有的全部尼古丁就可以使人致死，但吸烟的人吸入的尼古丁只是其中很少的一部分。烟草也可以用来制造杀虫剂，提取烟碱、苹果酸、柠檬酸等。

◎八、哮喘

目前多数学者认为，哮喘发病的遗传因素大于环境因素。如果父母都有哮喘，其子女患哮喘的概率可高达 60%；如果父母中有一人患有哮喘，子女患哮喘的可能性为 20%；如果父母都没有哮喘，子女患哮喘的可能性只有 6% 左右。此外，如果家庭成员及其亲属患有过敏性疾病，如过敏性鼻炎，皮肤过敏，或食物、药物过敏等，也会增加后代患哮喘的可能性。

成人哮喘多在儿童期发病，儿童期早治疗是减少成人期发病率的关键。有哮喘家族史者应避免各种引发哮喘的环境因素，如吸入各种过敏物质（过敏原）、呼吸道病毒和细菌感染、吸烟和空气污染等，这些因素在哮喘发病和加剧中起触发和推波助澜的作用。平时要做好居室、生活和工作环境的清洁卫生，戒烟，积极预防和及时治疗呼吸道感染等。

◎九、抑郁症

许多研究都发现抑郁症的发生与遗传因素有较密切的关系，抑郁症患者的亲属中患抑郁症的概率远高于一般人，约为 10～30 倍，而且血缘关系越近，患病概率越高。据国外报道，抑郁症患者亲属中患抑郁症的概率为：一级亲属（父母、同胞、子女）为 14%，二级亲属（伯、叔、姑、姨、舅、祖父母或孙子女、甥侄）为 4.8%，三级亲属（堂、表兄妹）为 3.6%。

抑郁症的防治应以早期发现、早期诊断、早期治疗为主。如果经常出现闷闷不乐、体重显著增加或减少、失眠或睡眠过多、坐立不安、注意力不集中、有轻生念头等现象，要及时去医院检查治疗。

◎十、老年痴呆

科学家在长期研究后发现，老年性痴呆是一种多基因遗传病。研究发现，父母或兄弟中有老年性痴呆症患者，患老年性痴呆症的可能性要比无家族史者高出 4 倍。

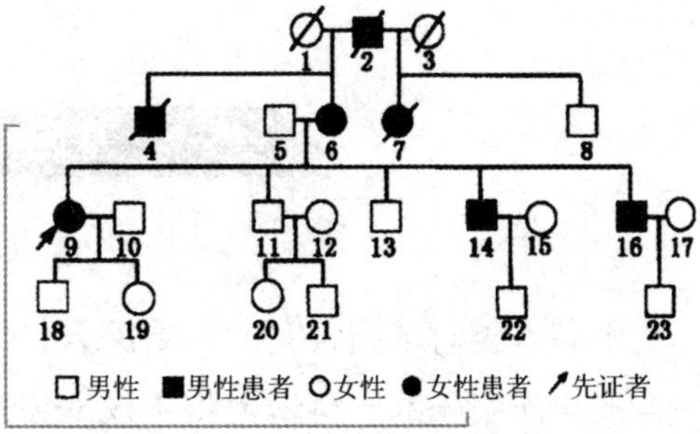

遗传病图

如果有老年性痴呆症家族遗传史的，50 岁以后就应该进行检查，看有没有智力方面的障碍，以便及时采取一些措施进行治疗。

遗传病是可以治疗的，目前有多种手段可以治疗遗传病，基因疗法是其中根本的、有希望的疗法。人类的遗传物质，也可以像“虾子向蚯蚓借眼睛”的故事一样，向别的生物借用。即向基因发生缺陷的细胞注入正常基因，以达到治疗目的。基因治疗说起来简单，可事实上是一个相当复杂的问题。首先必须从数十万基因中找出缺陷基因，同时必须制备出相应的正常基因，然后将正常基因转入细胞内替代缺陷基因，并能够进行正常的表达作用。此种治疗方法，目前还处在研究和探索阶段。

广角镜

糖尿病

糖尿病是由遗传因素、免疫功能紊乱、微生物感染及其毒素、自由基毒素、精神因素等各种致病因子作用于机体，导致胰岛功能减退、胰岛素抵抗等而引发的糖、蛋白质、脂肪、水和电解质等一系列代谢紊乱综合征。临床上以高血糖为主要特点，典型病例可出现多尿、多饮、多食、消瘦等表现，即“三多一少”症状，糖尿病（血糖）一旦控制不好会引发并发症，导致肾、眼、足等部位的衰竭病变，且无法治愈。

值得特别提出的是，在基因疗法研究的初级阶段，遗传病中能够用上述几种简单方法进行治疗的，毕竟只是少数，而且这类治疗只有治标的作用，即所谓“表现型治疗”，只能消除一代人的病痛，而对致病基因本身却丝毫未触及。那些致病基因将一如既往，按照固有规律传递给患者的子孙后代。

基因治疗技术

随着人类对基因研究的不断深入，发现许多疾病是由于基因结构与功能发生改变所引起的。科学家将不仅能发现有缺陷的基因，而且还能掌握如何对基因进行诊断、修复、治疗和预防，这是生物技术发展的前沿。这项成果将给人类的健康和生活带来不可估量的利益。

所谓基因治疗是指用基因工程的技术方法，将正常的基因转入病患者的细胞中，以取代病变基因，从而表达所缺乏的产物，或者通过关闭或降低异常表达的基因等途径，达到治疗某些遗传病的目的。目前，已发现的遗传病有6500多种，其中由单基因缺陷引起的就有约3000多种。因此，遗传病是基因治疗的主要对象。

第一例基因治疗是美国在1990年进行的。当时，两个4岁和9岁的小女孩由于体内腺苷脱氨酶缺乏而患了严重的联合免疫缺陷症。科学家对她们进行了基因治疗并取得了成功。这一开创性的工作标志着基因治疗已经从实验研究过渡到临床实验。1991年，我国首例B型血友病的基因治疗临床实验也获得了成功。

基因治疗的最新进展是即将用基因枪技术于基因治疗。其方法是将特定的DNA用改进的基因枪技术导入小鼠的肌肉、肝脏、脾、肠道和皮肤获得成功的表达。这一成功预示着人们未来可能利用基因枪传送药物到人体内的特定部位，以取代传统的接种疫苗，并用基因枪技术来治疗遗传病。

基因治疗有两种形式：一是体细胞基因治疗，正在广泛使用；二是生殖细胞基因治疗，因能引起遗传改变而受到限制。

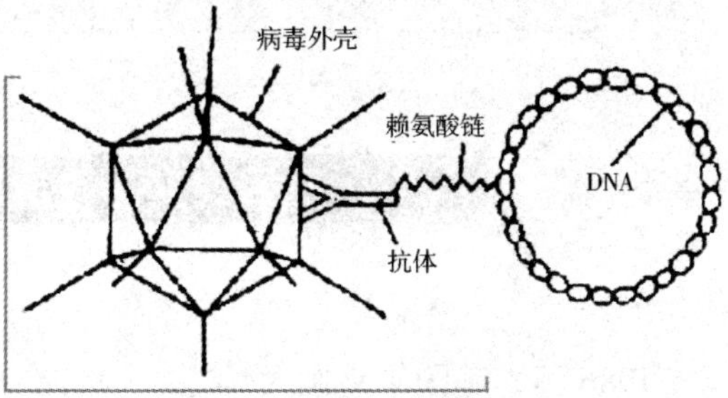

基因治疗技术

基因治疗按基因操作方式分为两类：一类为基因修正和基因置换，即将缺陷基因的异常序列进行矫正，对缺陷基因精确地原位修复，不涉及基因组的其他任何改变。通过同源重组，即基因打靶技术将外源正常的基因在特定的部位进行重组，从而使缺陷基因在原位特异性修复。另一类为基因增强和基因失活，是不去除异常基因，而通过导入外源基因使其表达正常产物，从而补偿缺陷基因等的功能；或特异封闭某些基因的翻译或转录，以达到抑制某些异常基因表达。

按靶细胞类型又可分为生殖细胞基因治疗和体细胞基因治疗。广义的生殖细胞基因治疗以精子、卵子和早期胚胎细胞作为治疗对象。由于当前基因治疗技术还不成熟，以及涉及一系列伦理学问题，生殖细胞基因治疗仍属禁区。在现有的条件下，基因治疗仅限于体细胞。

目前，科学家们正在研究的是胎儿基因疗法。如果现在的实验疗效得到进一步确证的话，就有可能将胎儿基因疗法扩大到其他遗传病，以防止出生患遗传病症的新生儿，从而从根本上提高后代的健康水平。

知识小链接

基因治疗

基因治疗是利用分子生物学方法将目的基因导入患者体内，使之表达目的基因产物，从而使疾病得到治疗，为现代医学和分子生物学相结合而诞生的新技术。基因治疗作为疾病治疗的新手段，它已有一些成功的应用，并且科学突破将继续推动基因治疗向主流医疗发展。今天，大多数的基因治疗研究的目的是癌症和遗传性疾病相关的基因缺陷或丢失。

基因突变导致遗传性视网膜病变

1986 年，美国华盛顿大学医学院首次在密苏里州和阿肯色州的一些家族中发现了一种致命的遗传疾病——脑白质营养不良导致的视网膜病变（RVCL）。如今，科学家将其归咎于 TREX1 基因的突变。

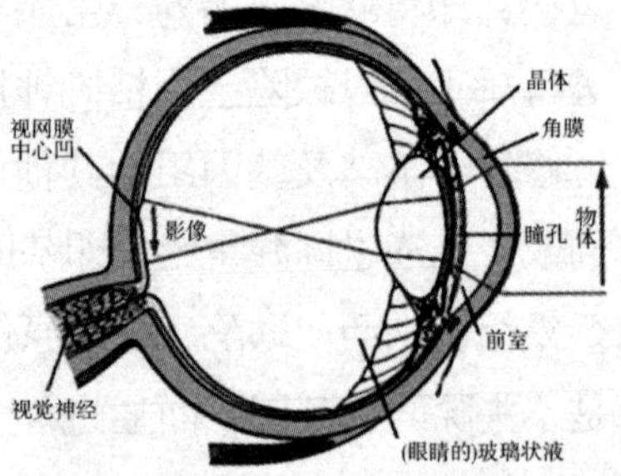

视网膜

华盛顿大学临床眼科和视觉科学教授格兰特和分子微生物学教授阿特金森于 1986 年

首次发现了 RVCL，它是一种难被“看穿”且易被误诊的罕见疾病。

后来，研究人员在欧洲、大洋洲和我国台湾省也发现了患有 RVCL 的家族。罹患 RVCL 的病人在 45 岁上下，中枢神经系统会遭受复杂且致命的攻击，产生诸如视力减弱、痴呆等症状。这些症状酷似脑瘤或脑脊髓多发性硬化症。一旦发病，10 年内可能就会死亡。

由于 RVCL 病人眼睛和大脑里层的小血管会逐渐“死去”，查清 RVCL 与 TREX1 基因突变的联系很可能也有助于理解其他影响老年人健康的疾病。同血管萎缩相联系的遗传疾病包括血管性痴呆——它导致老年人失忆、定向力障碍和情绪问题。在美国，定向力障碍是老年痴呆症的第二大诱因，在许多亚洲国家，它是引发痴呆的罪魁祸首。

TREX1 基因活跃在几乎所有细胞中，它校对 DNA 的错误，并帮助纠正错误。当细胞复制 DNA 时，它会将错误同时也引入 DNA，而且，辐射等环境因素也会导致 DNA 产生错误。阿特金森说：“TREX1 突变为什么会使这些血管在患者中年时萎缩的具体机制目前尚待研究，但现有的研究结果已经暗示我们——TREX1 可能有助于维护小血管的健康。”

拓展阅读

视网膜

视网膜是脊椎动物和一些头足纲动物眼球后部的一层非常薄的细胞层。它是眼睛里面将光转化为神经信号的部分。视网膜含有可以感受光的视杆细胞和视锥细胞。这些细胞将它们感受到的光转化为神经信号。这些信号被视网膜上的其他神经细胞处理后演化为视网膜神经节细胞的动作电位。视网膜神经节细胞的轴突组成视神经。视网膜不但有感光的作用，它在视觉中也有重要作用。

早在 2002 年，阿特金森小组就发现血管萎缩与第三号染色体的某个区域有关，在华盛顿大学基因组测序中心的资助下，研究人员最终将目标锁定在最容易测序的一种基因上。在 10 个家庭研究样本中，他们发现，罹患 RVCL 的家族成员都携带 5 种 TREX1 突变中的一种。研究人员准备乘胜追击，将 TREX1 “看透”，以更好地治疗 RVCL。

肥胖的身体带来的不便

肥胖是人体内脂肪积聚过多所致的现象，并不是人们视为的“健康”标志。肥胖不仅影响形体美，而且给生活带来不便，更重要的是容易引起多种并发症，加速衰老和死亡。难怪有人说肥胖是疾病的先兆、衰老的信号。

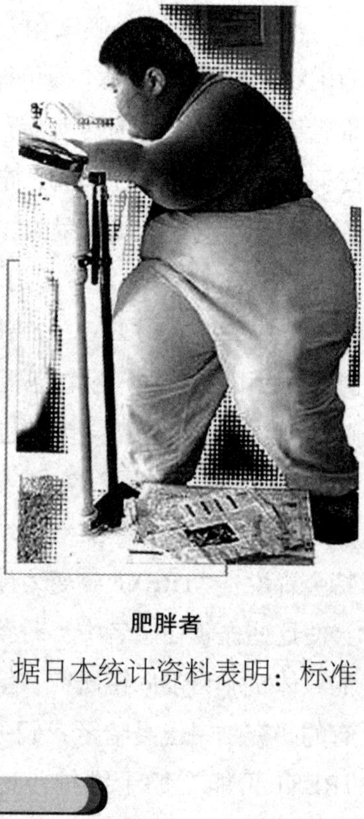

肥胖者

◎一、它是健康长寿之大敌

据统计，肥胖者并发脑栓塞与心衰的发病率比正常体重者高一倍，患冠心病比正常体重者多两倍，高血压发病率比正常体重者多2～6倍，合并糖尿病者较正常人约高4倍，合并胆石症者较正常人高4～6倍，更为严重的是，肥胖者的寿命将明显缩短。据报道，超重10%的45岁男性，其寿命比正常体重者要缩短4年，据日本统计资料表明：标准死亡率为百分100%，肥胖者死亡率为127.9%。

◎二、影响劳动力，易遭受外伤

身体肥胖的人往往怕热、多汗、易疲劳、下肢浮肿、静脉曲张、皮肤皱折处患皮炎等；严重肥胖的人，行动迟缓，行走活动都有困难，稍微活动就心慌气短，以致影响正常生活，严重的甚至导致劳动力丧失。由于肥胖者行动反应迟缓，也易遭受各种外伤、车祸、骨折及扭伤等。

◎三、易发冠心病及高血压

肥胖者脂肪组织增多，耗氧量加大，心脏做功量大，使心肌肥厚，尤其左心室负担加重，久而久之易诱发高血压。脂质沉积在动脉壁内，致使管腔狭窄、硬化，易发生冠心病、心绞痛、中风和猝死。

拓展阅读

冠 心 病

冠状动脉性心脏病简称冠心病，是一种最常见的心脏病，是指因冠状动脉狭窄、供血不足而引起的心肌机能障碍和器质性病变，故又称缺血性心肌病。冠状动脉是主动脉的分支，负责供应足够的氧和营养素给心肌。冠状动脉被胆固醇或血凝块阻塞而形成噬菌斑，当冠状动脉被阻塞，便会引致心脏供血不足，患者需要接受俗称“搭桥手术”以畅通血管。当冠状动脉血液被严重阻塞，可引致很严重的后果。血液不能供应到心脏会引致剧烈的心绞痛，然后心脏会衰竭，最严重的可导致死亡。

◎四、易患内分泌及代谢性疾病

伴随肥胖所致的代谢、内分泌异常，常可引起多种疾病。糖代谢异常可引起糖尿病，脂肪代谢异常可引起高脂血症，核酸代谢异常可引起高尿酸血症等。肥胖女性因卵巢机能障碍可引起月经不调。

◎五、对肺功能有不良影响

肺功能的作用是向全身供应氧及排出二氧化碳。肥胖者因体重增加需要更多的氧，但肺不能随之而增加功能，同时肥胖者腹部脂肪堆积又限制了肺的呼吸运动，故可造成缺氧和呼吸困难，最后导致心肺功能衰竭。

◎六、易引起肝胆病变

由于肥胖者的高胰岛素血症使其内因性甘油三酯合成亢进，就会造成在肝脏中合成的甘油三酯蓄积从而形成脂肪肝。肥胖者与正常人相比，胆汁酸中的胆固醇含量增多，超过了胆汁中的溶解度，因此肥胖者容易并发高比例的胆固醇结石，有报道称患胆石症的女性50%～80%是肥胖者。在外科手术时，约有30%的高度肥胖者合并有胆结石。

◎七、会增加手术难度、术后易感染

肥胖者会增加麻醉时的危险，手术后伤口易裂开，感染坠积性肺炎等并发症的机会均较不胖者为多。

◎八、可引起关节病变

体重的增加能使许多关节（如脊椎、肩、肘、髋、足关节）磨损或撕裂而致疼痛。

◎九、并发疝气

肥胖者可并发许多疝，其中以胃上部易位至胸腔中的食道裂孔疝最为常见。

基本小知识

胆固醇

胆固醇，别名胆甾醇，是一种类固醇及甾醇，化学式为$C_{27}H_{46}O$。固态之下是一种无色的结晶。胆固醇广泛存在于动物体的细胞膜中，同时也是合成几种重要荷尔蒙及胆汁酸的原料。胆固醇可以分成两种，低密度脂蛋白胆固醇及高密度脂蛋白胆固醇。若血液中胆固醇的总含量过高，则发生心血管疾病的概率会提高。胆固醇在人体内扮演着重要角色，可说是一种与生命现象息息相关的重要化合物。

减肥基因和瘦蛋白

肥胖与减肥是当今世界的重大问题，因为肥胖与高血压、冠心病、肿瘤、脂肪肝等有着密切的关系。在我国，肥胖的发生也非常普遍。为了减肥和防止肥胖，营养学家和医学家想出许多的招数，一个个方法被用来试验，都显示出一定的不足。为了寻找更完美的方法，科学家们正在不断地努力着。他们提出比较有希望的减肥方法，是利用分子生物学的方法找到肥胖基因，而后对肥胖采用基因治疗。

随着分子生物学的迅猛发展，这几年的研究取得了可喜的进展。科学家们在1600只肥胖小鼠的脂肪细胞中提取了减肥基因，他们给它起了个名字叫Leptin。这个基因编码的蛋白有减肥作用，又因它英文名字的前4个字母“Lept”在希腊文中是“瘦”的意思，所以，中国的科学家们把它翻译成“瘦蛋白”基因。

瘦蛋白基因又称OB蛋白，是肥胖基因在脂肪细胞内的表达产物。分子量为16000，含167个氨基酸残基的单链蛋白质分子，具有高度亲水性，在N端含有分泌信号肽。

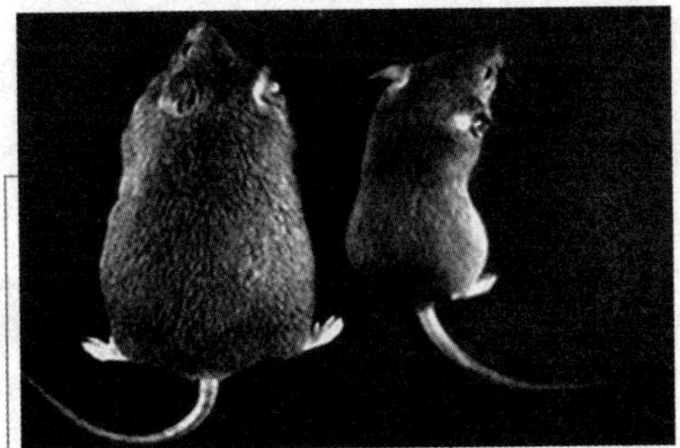

控制肥胖的新基因的减肥效果

根据动物实验，瘦蛋白的减肥效果是惊人的。用每天5微克的剂量给肥胖小鼠注射，发现肥胖小鼠在4天内体重开始降低，在33天内体重减少40%。小鼠注射的第一天，进食量就减少，4天后进食稳定在正常量的40%。研究还发现，用人体基因克隆的瘦蛋白，也有同样的效果。瘦蛋白的最大好处是，只减少脂肪，而对肌肉没有影响。

瘦蛋白为什么会有如此好的效果呢？

科学家们研究得知，瘦蛋白的作用机制大致是这样的：瘦蛋白的信使 RNA 发出信号，告诉大脑人体内共有多少脂肪，同时有一个神经网状系统来判断信号的强弱，并决定如何调节影响肥胖的各种因素，如食欲、活动和体内脂肪与蛋白质的含量组成。这个神经网状系统的关键组织是下丘脑。

目前，科学家们应用人体重组的基因生产瘦蛋白，然后将这种瘦蛋白注射到肥胖人的身上，也发现了同样的效果，但还存在某些方面的缺陷。可见，将瘦蛋白具体应用到人上，还需要一个非常艰巨与复杂的过程，我们期待着这一天的到来。

广角镜

脂　肪

脂肪是室温下呈固态的油脂，多来源于人和动物体内的脂肪组织，是一种羧酸酯，由碳、氢、氧三种元素组成。与糖类不同，脂肪所含的碳、氢的比例较高，而氧的比例较低，所以发热量比糖类高。食用脂肪是人可直接食用或烹调的油脂，主要成分是三酸甘油酯，也就是中性脂肪。脂肪是常见的食物营养素之一，亦是三种提供能量的营养之一。

寿命的性别差异

随着社会老龄化趋势的加速，衰老机理的研究已成为老年医学、老年生物学研究的热点。而女性寿命与男性寿命往往有很大的差异，也就是“寿命的性别差异”，这一现象越来越受到人们的关注。在整个世界上，存在着这样的现象：女性寿命普遍高于男性，这是为什么呢？

以往，科学家们认为，男性因为吸烟、酗酒以及与社会接触一些不良的因素影响，使他们的寿命缩短。然而，如今女性走入社会，越来越多的人承担着与男人一样的工作和生活负担，但“寿命的性别差异”依然存在。这又是为什么呢？科学家们对此进行了探讨，提出了一些假说。

老年夫妇

现在已经知道，遗传物质是决定物种寿命的主要因素之一。对于人类来说，子女的寿命往往与双亲的寿命有关。生物衰老可能受细胞内遗传物质的控制。

女性的性染色体为两条X染色体，男性只有一条X染色体，另一条为Y染色体。如果在X染色体上有X连锁遗传性疾病的隐性基因，由于没有另一条X染色体，这种隐性基因会很容易表达。然而在女性身上，只有当两个X染色体都具有隐性基因时，才会表达。所以，X染色体上连锁的遗传病基因的表达机会，男性远远高于女性，这样，男性中这类病的患病率大大高于女性。如果X染色体上有连锁的显性遗传病基因，则女性的患病率虽高于男性，但女性的病情比男性轻，这是因为绝大多数女性是杂合分子，其正常的等位基因可进行功能性补偿，而男性失去了这个机会。

有的学者认为，“寿命的性别差异”可能是Y染色体造成的。Y染色体决定睾丸的分化与功能，男、女性激素的不同而使体内某些物质如胆固醇、脂蛋白等的代谢有所差异。这一差异使男性的动脉粥样硬化和心血管疾病的患病率大大高于女性。另一些学者认为，女性长寿与雌激素水平有关，如育龄期女性冠心病的发病率明显低于男性。雌激素水平高，可以刺激生长素和催乳素的分泌，加强了胸腺的功能。此外，雌激素对抗感染性疾病方面也起一定的作用，例如，女性感染性疾病的患病率和死亡率达到与男性相同时要推迟10～15年。所有这些均有利于女性长寿，是“寿命的性别差异”的重要原因。

基本小知识

激 素

激素是由内分泌腺产生的化学物质，随着血液输送到全身，控制身体的生长、新陈代谢、神经信号传导等。激素在人体内的量虽然不多，但是对健康却有很大的影响，缺乏或过多都会引发各种疾病。例如：生长激素分泌过多就会引起巨人症，分泌过少就会造成侏儒症；而甲状腺素分泌过多就会引发心悸、手汗等症状，分泌过少就易导致肥胖、嗜睡等；胰岛素分泌不足就会导致糖尿病。许多激素制剂以及人工合成产物在医学上及畜牧业中有重要用途。

种族体质的“优劣”

20 世纪最常见的种族分法是由美国人类学家 Carleton S. Coon 提出的：刚果人种，即黑色人种；高加索人种，即白色人种；蒙古人种，即黄色人种；澳大利亚人种，即棕色人种；开普人种（居于非洲南部，因在特征上和传统的“黑色人种”有别而分列出来）。种族差异不仅表现在肤色上，在性格、体质等方面也有很大差异。

在肯尼亚西北的埃腾小镇上，一个只有区区 4000 居民的弹丸之地，却因为诞生了大批长跑世界冠军而蜚声体坛。坐落在附近的圣帕特里克高中更是被誉为冠军摇篮，从这里走出过 40 多位世界冠军。

很多的长跑好手来自“冠军之乡”的贫苦人家，他们亲眼看到邻居因为体育而家境好转，因而走上了长跑之路。对于他们来说，长跑几乎是改变贫穷的唯一出路，而发生在身边的鲜活事例，也不断给他信心和激励。自古以来，埃腾人的“交通基本靠跑”，跑步早已融入他们的生活，成为必需的那部分。

在肯尼亚，长跑和人类的历史等长。作为人类祖先最早的聚居地之一，600 万年前的肯尼亚高地已经活跃着双足动物的矫健身影。他们在高地草原简单求生，鬣狗可能是最大的竞争对手，因为两者都以长跑和耐力竞争猎物。当都市人等待上二楼的电梯时，可能难以想象人类远祖的耐力极限，更难以置信的是，这种能力可能仍然隐藏在我们的骨髓之中。墨西哥的拉拉木里人可以奔跑上百英里（1 英里≈1.609 千米），追逐野鹿直到对方疲惫；肯尼亚高地部落的长跑才能至今仍然令人惊叹。

斗转星移，肯尼亚凭借得天独厚的自然条件和深厚的长跑文化，成了炙手可热的长跑圣地。独特的非洲风情也吸引了无数的游客，一路陪伴着这些游客的，总有挥之不去的两个要素：壮观的峡谷景观以及无处不在的长跑选手。

散布在东非大裂谷两侧的几十个训练基地规模不等，设施简陋是最大的共同点，但是世界各地的长跑运动员仍然趋之若鹜。2007 年 2 月，中国田径队就曾在此集训，备战当年的大阪田径世锦赛。在山间随处可见的矫健身姿中，不乏脚穿名牌跑鞋的欧洲人士，更多的则是赤脚上阵的本地青年。

他们中的很多都还不是专业运动员，但追逐世界冠军的梦想却从未动摇。在等待伯乐慧眼识珠的过程中，一切设施都只能就地取材。不过在他们看来，现有的一切都恰到好处：时隐时现的山间小路就是跑道；松软适中的泥土就是绝佳的运动跑鞋，踩上去温软而富有弹性。

面对竞争对手的“奢华”装备，他们从未有过妄自菲薄，他们知道：这些运动员千里迢

趣味点击　东非大裂谷

东非大裂谷，位于非洲东部，是一个在 3500 万年前由非洲板块的地壳运动所形成的地理奇观。其所形成的生态、地理和人类文化都相当独特。东非大裂谷的整个形状可画成不规则三角形，最深达 2000 米，宽 30～100 千米，全长 6000 千米（3700 英里），是世界最长的不连续谷，由探险家约翰·华特·古格里所命名。

迢赶来这里训练，肯定是在这里找到了他们所需要的东西。虽然说不出肯尼亚的具体优势，但他们显然已经意识到，土生土长的自己早已占尽先机。和可以共享的自然环境不同的是，他们坚信自己拥有任何名牌鞋履所不能赋予的优势——东非血统。

◎ 如果足球是黄色

这股看似狂妄的自信并非夜郎自大，几十年来东非运动员在长跑领域的杰出成就铸就了他们的民族自信，同时也是动力之源。不包括障碍赛和公路赛，男子室外3000米以上的中长跑世界纪录共有15个，埃塞俄比亚和肯尼亚这两个东非国家囊括了其中的11项。2004年男子3000米障碍赛的前20名有13名是肯尼亚选手；他们同时也囊括了2007年的大阪世锦赛该项目的前三名；毫无意外地，该次世锦赛上男女马拉松赛的冠军头衔也未旁落。虽然同样受过东非高原的洗礼，却只能在30名之后才能见到中国选手的身影。2008年4月结束的柏林半程马拉松赛上，肯尼亚选手再次包囊男女冠军，保罗·科斯盖创造了当年男子的第二好成绩，最好成绩则归属早前的埃塞俄比亚选手。

牙买加运动员

运动场上的荣誉不仅限于东非，在为数不少的体育项目中，黑色都位于成绩的顶峰。男子百米跑道是最不缺乏注意力的项目，而这里已经被黑人把持多年。1984—2004年的六届奥运会上，男子百米决赛起跑线上的48名选手，都是清一色的黝黑皮肤。2007年在安曼举行的第十七届亚洲田径锦标赛，给全亚洲人们送来了一份大礼：卡塔尔选手弗朗希斯成为首位男子百米跑进10秒的亚洲运动员——可惜，他也是黑人。2008年，北京奥运会赛场上，牙买加运动员几乎包揽了跑道上的所有金牌，世界瞩目的“飞人”博尔特也一次一次地突破人类极限，一次次打破世界纪录。牙买加的胜利为北京奥运打开了一道亮丽的黑色风景线。

黑色旋风掀起的运动狂潮，早已突破了跑道的限制。拳击项目一直被视为最具男性魅力的活动之一，1937—1964 年之间，8 位重量级拳王中有 6 位是黑人，拳击几乎成了黑人拳王的友谊赛——虽然只是拳头下的友谊。如果说拳击场上的个人英雄主义尚不具有足够的代表性，请移步球场：在以团队精神著称的大球项目中，黑人的成就同样令人叹为观止，他们不仅占据了现役 NBA 球员的七成以上，而且为我们奉献了最伟大的乔丹和数不胜数的精彩画面。篮球场上的空中技巧令人叹为观止，黑色礼花不断绽放；足球场上，黑人同样呼风唤雨，足底生花。绿茵场上黑人的驰骋宣威，只有白人足以与之比肩，难道这就是足球由黑白两色组成的原因？如果把足球改成黄色，黄种人可以有更大的作为吗？

国运动员包揽 2008 年北京奥运会乒乓球奖牌

巧合的是，在黄色的乒乓球项目中，黄种人恰恰占据了绝对优势。他们也在羽毛球、射击、举重、体操等项目上占得一席之地——如果不是占据绝对优势的话。在很多人心目中，体育版图被清晰地分成了三大色块，各有阵地，互相渗透。分析过大量竞赛数据后，我们不得不承认，不同人种的竞赛成绩确实存在明显差别，不过情况和我们的直观感受有所差异。在大局面上占据绝对优势的是白人，他们是大多数竞技运动的中流砥柱；黑人和蒙古人选择性地参加一些项目，并在某些项目中拔得头筹。问题是，体育项目的种族优势，在多大程度上由肤色决定？对于这个问题，人类学家的好奇心并不亚于芸芸众生。

人种正是人类学一以贯之的研究课题。人类学命运多舛，更曾误入歧途：

在诞生之初，西方研究者着眼于原始部落，只为证明本族群的优秀。这种研究理念如今早已如弃敝屣，但族群间的差异仍然是重要的研究课题，这些组成了人类多样性的重要部分。

肤色似乎是种族间最明显（虽然并非最大）的生物差异，以致成了我们名片上一个抹不去的重要头衔。因此体育场上的肤色差异，很自然地在人们心中烙下深刻的烙印。关于如何认识这种差异，华南师范大学体育学院教授胡小明说："在早期以体能为主的竞技项目中，黑人和白人占据绝对优势；黄种人则主要在侧重技能的竞技项目中取得较好成绩。"体质人类学家试图以数据为基础，揭开这些体育项目的种族优势之谜。

人类学和运动生理指标足以牵起体育和种族之间的红线吗？毫无疑问，运动员个体的竞技成绩显然和体质有关，而体质可以通过若干检测指标来量化，似乎是一个含义确定的研究对象。很多体质人类学家认为，种族之间的多项平均生理指标差别颇大，种族体质正是体育项目中种族优势的重要原因，或者至少是部分。

世界飞人博尔特

新生儿提供了最直接的证据，他们本是一张种族的白纸，被认为是说明种族之间先天体质差异的有利证据。弗里德曼早在20世纪70年代就注意到，新生儿的运动力、肌肉弹性、情绪反应存在显著种族差异，而且也无法解释为"胎教"的影响。例如，相对于高加索和美国人的混血新生儿，中国和美国人的混血新生儿不轻易受噪音和运动的干扰，能更好地适应新的刺激和环境，并更快地自我安静下来。

类似的数据大量存在于加拿大科学家菲利普·洛旭庭在《种族、演化和行为——生命历史的远景》一书中。他对不同人种的体质差异做出了总结性的描述：相对于其他人种，黑人的臀部较窄，肩膀较宽，四肢更修长，脂肪更少。而相对更多的肌肉则像一匹大排量发动机，为身体提供了强大的动力保证。其他数据指出，黑人不仅动力强劲，而且肌肉中的快肌纤维比例更高，这就使得黑人在速度类项目中占据了绝对优势——我们都知道，百米短跑的多数里程都是靠无氧呼吸来提供能量。

马力强大的肌肉发动机，还需要与之匹配的骨骼变速器。成年黑人骨骼中的无机质含量更高，平均密度比白人高出一成，因此也更为坚固。当在黑人血液中发现更高浓度的睾丸激素（比白人和黄种人高出3%～19%）时，这些全身性的生理特征都变得可以理解。

众所周知，正是睾丸激素导演了男女两性的分野，它是塑造男性阳刚躯体的总工程师，强劲有力是它的工作作风，它倾向于形成更多的肌肉。类似睾丸激素的合成分子也是早期兴奋剂的主要有效成分，急功近利的运动员们以此来增强体力、提高成绩，同时也加厚自己的声带，摧毁自己和体育的尊严。

知识小链接

睾丸素

睾丸素又称睾酮、睾丸酮或睾甾酮，是一种类固醇荷尔蒙，由男性的睾丸或女性的卵巢分泌，肾上腺亦分泌少量睾酮，具有维持肌肉强度及质量、维持骨质密度及强度、提神及提升体能等作用。睾酮对男子生殖器官及其他重要器官的作用相当复杂，其生物化学过程尚未完全阐明。但是，睾酮可能影响许多身体系统和功能，包括血生成、体内钙平衡、骨矿化作用、脂代谢、糖代谢和前列腺增长。

如果黑人真的拥有天然的兴奋剂补给，当我们面对自己的糟糕战绩时，似乎可以少些羞愧。不过，黑人的这种先天特质并不在所有运动项目中占优势。修长的四肢显然不是举重的最佳体型，长长的四肢需要克服重力做更多的功，虽有高比例的快纤维提供爆发力，却仍旧得不偿失。黑人还存在着一个众所周知的弱项——游泳。

黑人很难在游泳项目中出类拔萃，常见的推测是：较大的密度、较少的脂肪，以及较小的胸腔限制了他们在泳池中的表现，在克服浮力和屏气的问题上，他们需要花费更多的精力。这个解释同样看上去完备而且令人信服——至少到目前为止。

看来，将体育的种族优势解释为体质差异，似乎是最为直观，而且也能站得住脚。所以，就算将足球刷上黄色油漆，郑智也不会因此成为英超巨星；就算没有黄色的王后，黄种人也占据了国际象棋的半壁江山，他们甚至还握住了所有的围棋子。

各种族的基因差异，导致了在体育运动面前的长短项目。黑种人是赛道上的王者，白种人的精湛泳技让人瞠目，而黄种人则一直以轻巧、灵活的特点给人留下深刻印象。与白种人相比，黄种人个子矮、体重轻，绝对力量和绝对速度都不占优势，其天赋主要集中在与灵巧、技能和心智等有关的项目上。在2008年北京奥运会上，中国军团在体操、跳水、羽毛球等项目上优势明显，而韩国在射箭项目上几乎无人能敌。

拓展阅读

马　拉　松

马拉松是一项考验耐力的长跑运动。全世界每年举行的马拉松比赛超过800个，大型赛事通常有数以万计的参与者，多数人以健身休闲为目的。马拉松是国际上非常普及的长跑比赛项目，全程距离26英里385码，折合42.195千米。分全程马拉松、半程马拉松和四分马拉松三种。以全程马拉松比赛最为普及，一般提及马拉松，即指全程马拉松。

复活史前巨兽是真的吗？

ZAOFU RENLEI DE JIYIN GONGCHENG

恐龙、猛犸象对人类来说，是很久远的事情了，它们留给人类的或许只有化石而已。自从19世纪后期，在法国南部第一次发现恐龙蛋化石以来，在世界其他国家和地区包括我国，陆续有恐龙蛋化石出土，人们从这些化石中获取了部分基因片段。现在，既然已从恐龙蛋化石中获取了恐龙的基因片段，能否在此基础上再复制出活蹦乱跳的小恐龙呢？科学家的回答是否定的。因为要复制出一条活的小恐龙，最起码的条件是必须弄清楚恐龙有多少个基因，譬如说是几千个还是几万个，而目前这还是个未知数。

但是，科学探索是永无止境的，虽然我们现在无法复活恐龙和猛犸，但是，当我们面对因人类破坏环境而灭绝的物种时，或许可以从基因角度找到使它们重回生物圈的方法，这样可也以弥补人类的“罪过”。相信有一天，那些已经离我们远去的朋友们会回到我们身边。

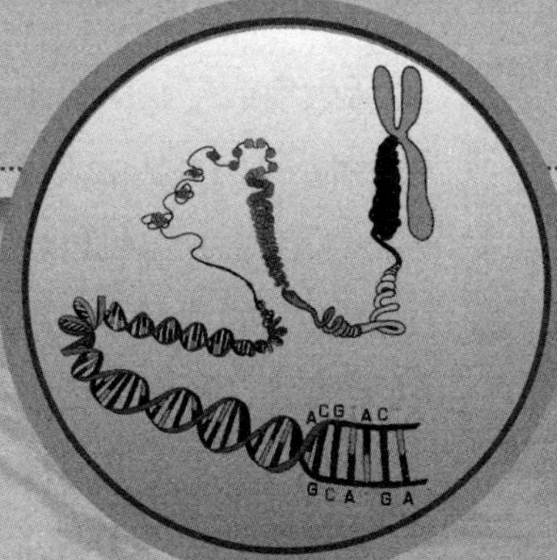

从蚊子到鸡到复活恐龙

在科幻电影《侏罗纪公园》中，一位科学家从一只吸了恐龙血、嵌于树脂化石中的蚊子中提取出DNA，成功地复制出恐龙，并最终建成一个恐龙“侏罗纪公园”。而在现实生活中，美国、加拿大两国科学家也在不遗余力地复活恐龙，只不过他们手中的“道具”从蚊子变成了同样不起眼的鸡。

借助一只蚊子体内的恐龙血复活的恐龙（电影《侏罗纪公园》截图）

这些科学家是怎样形成这样的共识，即相信他们一定能揭开这个史前失落世界的神秘面纱呢？为进一步了解这些科学家的探究历程，我们必须将时间向前推移至1992年。这一年，美国加利福尼亚州立工业大学微生物学教授保罗·坎诺首次尝试从与恐龙生活在同一时代的昆虫中提取基因。

令人惊奇的是，他不久即从一只有4000万年历史的蜜蜂体内提取了基因样本。随后，美国自然历史博物馆的研究人员恢复了一只远古白蚁的基因。看上去，当代科学家似乎要不了多久即能获得恐龙的基因。但是，这些最初的试验都以失败告终。科学家不能复制他们的成果，导致外界纷纷猜测，这个被恢复的微小碎片事实上只是污染物，也许来自于研究人员的头发或衣服。

琥珀中的蚊子

在琥珀中寻找远古基因的努力被迫放弃，看来，通向历史的大门尚未被成功开启。不过此后，寻找史前基因碎片的研究人员成功地恢复了一些古生物的基因，如有4万年历史的猛犸和4.5万年历史的穴居人骨。但研究人员对能否重建恐龙基因仍存在疑虑。2003年，希望再次被点燃。

◎发现保存完好的恐龙肉

在《侏罗纪公园》一片中担任顾问的霍纳领导一个研究小组，从蒙大拿州挖掘出一具有6800万年历史的霸王龙骨骼化石，并从中获得一项重大发现。由于霸王龙化石的出土地点十分偏僻，只好通过直升机进行搬运。如此一来，庞大的大腿骨只搬运二分之一。霍纳将其中一块交给了他的学生——古生物学家玛丽·施薇兹。在对这块化石进行仔细观察时，施薇兹发现，在硬硬的外壳内有一个奇怪的结构。该结构的图形与只有在怀孕鸟类骨骼中才能看到的图形很相像。施薇兹对此甚为不解，于是让她的助手詹妮弗·维特米尔将外面那层矿物质溶解。

科学家正在挖恐龙化石

蒙大拿州立大学的研究小组遂明白，所发现的物质看来是霸王龙身上保存完好的肉。霍纳说："想不到竟可以发现软组织。以前的猜测是，霸王龙全身都已成了化石。"从这具霸王龙骨骼另一半上面所获得的发现更为不可思议。

霍纳及研究小组知道，霸王龙的化石中不会有血管。许多科学家认为，来自生物体内的有机物不可能存活10万年以上，何况是6800万年了。随后，霍纳的研究小组尝试从保存在蒙大拿州立大学储藏室的其他骨头上提取DNA。他们将收集来的样本放在一个高倍显微镜下。在放大4000倍之后，这个微小的结构很显然并不像是矿化的化石材料。它们看似构成恐龙骨骼的显微细胞——骨细胞。

目前科学家认为，化石中的有机分子在超过10万年后就不能保存下来，希望进一步研究，以准确揭示从这些化石骨头中分离出的软组织的构成究竟为何。这些软组织是由有机细胞构成的话，那么这些细胞中就仍旧保存有基因信息。施魏策尔表示，如果能从这些物质中提取蛋白质，科学家们可能会获知恐龙生活的细节。

鸟类的祖先是恐龙?

从目前来看，取得这样的成就相当不错。但霍纳渐渐认为，若想成功复活恐龙，那么他的小组需要将手头的工作倒过来。虽然这项有关“活”恐龙组织的发现令他们兴奋不已，但霍纳担心，绘制完整的恐龙图谱的努力将永无尽头。于是，他采取了新策略：对鸟类实施“逆向工程”。古生物学家普遍认为，鸟类起源于称为肉食鸟的兽角类恐龙。霍纳说：“如果我们希望在有生之年看到恐龙，我们就需要从鸟类开始，往前追溯。只要有鸟存在，我们就能够揭开恐龙的面纱。”

20世纪90年代，科学家在中国发现了埋于泥土中的恐龙化石，它们的状况保存极为完好，可以辨别出鸟类一样的特征，包括爪、羽毛等。霍纳认为，现代鸟类的DNA隐藏有遗传记忆，这种遗传记忆或能再次“开启”，用以重建长久处于休眠状态的恐龙特征。为使此类庞然大物死而复生，霍纳用鸸鹋的基因组开始了他的尝试。鸸鹋是一种体型庞大、不会飞的澳大利亚鸟。

霍纳说：“鸸鹋具备我们所

趣味点击　霸　王　龙

霸王龙又名暴龙，模式种与目前唯一的有效种是雷克斯暴龙，或称雷克斯龙，是一种大型肉食性恐龙，身长约13米，臀部高度约4米，体重约6.8吨。暴龙生存于白垩纪末期的马斯特里赫特（Maastricht也译作“马斯垂克”）阶最后300万年，距今约6850万—6550万年，是白垩纪至第三纪灭绝事件前最后的恐龙种群之一。化石分布于北美洲的美国与加拿大西部，分布范围较其他暴龙科更广。

要重建身躯如迅猛龙一般大小的恐龙的所有特征。如果我打算复活恐龙，那么我应该以此为起点展开研究。”尽管霍纳的研究工作听起来有些牵强，但他还是得到了一些著名专家的支持。威斯康星州大学遗传学家肖恩·卡洛尔表示：“鸟类的基因总量可能与恐龙的基因总量存在诸多相似之处。发育阶段产生的决策差异造就了最终是鸡还是霸王龙的差异。”

鸸　鹋

无独有偶，加拿大科学家也在进行复活恐龙的研究。加拿大麦吉尔大学古生物学家汉斯·拉尔森于 2007 年 11 月对 1.5 亿多年前“恐龙的长尾如何进化为鸟类短尾”进行了研究。通过分析只有两天大的鸡胚胎，拉尔森获得了一个出人意料的重大发现。拉尔森原本认为正在发育的脊骨将会有 4 ~ 8 块椎骨，但他的显微镜却发现了 16 块椎骨——这显然是爬行动物的尾巴。随着胚胎慢慢发育，“尾巴”变得越来越短，直至只有 5 块椎骨的雏鸡破壳而出。

据专家大胆推测，如果研究人员能够从这些恐龙软组织中分离出特定蛋白质，或许就能进一步了解恐龙的生理构造，甚至从中提取恐龙的 DNA 也“不是完全没有可能”。科学家们现在还不确定能否取得恐龙的 DNA，不过从目前的进展看来，希望很大。专家指出，如果真的能提取到恐龙的 DNA，那么类似科幻电影《侏罗纪公园》中恐龙复活的情节或许将“真实上演”。但是中国专家仍然提出三点质疑：

一、内部 DNA 很难测定。北京自然博物馆的古生物专家王文利告诉记者，目前发现的白垩纪晚期的恐龙化石一般都属于动物硬体化石。他认为，像恐龙这样久远的动物的肌肉、皮肤等只有在特定条件下木乃伊化之后才可能保存下来，在苏联的北极永久冻土带就曾发现过猛犸的肌肉组织。王文利表示，即使真的能发现恐龙化石中保存的结缔组织、软骨组织等，这些软组织也可能在漫长的演化过程中硬化后保持完整的外形，但内部的 DNA 则很难测定。

二、恐龙的 DNA 可能是线粒体 DNA。中科院北京基因组研究所 DNA 信息提取专家邓亚军博士认为，目前还不知道美国方面声称获取的恐龙 DNA 的详细情况。但根据常识判断，如果确实有 DNA 信息被提取出来，其 DNA 片断很有可能是线粒体 DNA，即细胞质 DNA。她介绍说，生物体 DNA 可以分为细胞质 DNA 和细胞核 DNA，其中细胞核 DNA 是生物体遗传信息的主要载体，而细胞质 DNA 只负责表达部分遗传功能。

三、DNA 未必能送来活恐龙。这些片断能为我们送来活恐龙吗？邓亚军表示，如果人类真的希望复制恐龙，那么首要的就是确保获得完整的恐龙遗传信息，而做到这一点就非常难。怎么在保证不受外源污染的情况下，通过一系列如 PCR 扩增等科学手段得到尽可能多的恐龙细胞

拓展阅读

白垩纪

白垩纪是地质年代中中生代的最后一个纪，长达 8000 万年，是显生宙的最长一个阶段。白垩纪因欧洲西部该年代的地层主要为白垩沉积而得名。白垩纪位于侏罗纪和古近纪之间，约 1 亿 3700 万年前至 6550 万年前。发生在白垩纪末的灭绝事件，是中生代与新生代的分界。

广角镜

结缔组织

结缔组织是人和高等动物的基本组织之一。由细胞、纤维和细胞外间质组成。细胞有巨噬细胞、成纤维细胞、浆细胞、肥大细胞等。纤维包括胶原纤维、弹性纤维和网状纤维，主要有联系各组织和器官的作用。基质是略带胶粘性的液质，填充于细胞和纤维之间，为物质代谢交换的媒介。纤维和基质又合称“间质”，是结缔组织中最多的成分。结缔组织又分为疏松结缔组织、致密结缔组织、脂肪组织等。

核 DNA 的信息，怎么修补 DNA 信息缺失的部分。如果在这一过程中发生任何错误，那么复制恐龙就是一句空话，甚至会导致复制出无法想象的怪物。人类什么时候能复制出恐龙？邓亚军的回答是：“还要几千年。”

四、复活恐龙是否干预自然。一方面是科学家在欢呼找到了复制恐龙的线索，而另一方面，已经有人提出是否同意科学家复制恐龙的问题。对此清华大学自然科学史专家刘兵教授认为，如果复制恐龙是一种局部可控的实验室行为，那么作为学术研究无可厚非。但如果期望通过复制恐龙人为地改变自然过程，那么这种行为就必须受到制止。他说，复制出的是真恐龙还是某个怪物？复制出的恐龙会在现在的自然环境中出现哪些反应？这些问题都没有人能回答。他表示，事实上，在《侏罗纪公园》原著中，作者已经通过灾难性场景的描写，表达出了这种对人类人为干预自然进程的深层次担忧。

恐　龙

猛犸干尸的发现

据英国媒体报道，一位驯鹿牧人在亚巴尔半岛的西伯利亚冻土带发现了一具猛犸木乃伊。这具猛犸木乃伊历经 1 万多年的时间却保存非常完好，身上披着软软的毛，四肢和微微上卷的象鼻保存完整，双目紧闭且完好无缺，看上去就像一只熟睡的小象。

考古学家们认为，这是两个世纪以来出土的保存最为完整的猛犸标本。这头小猛犸身高约 4.3 英尺，重约 110 磅，这表明它死时年纪大约在半岁到 1 岁之间。尽管有迹象表明它曾与捕食者或其他猛犸发生过冲突，但是科学家们还是找不出这只猛犸的具体死因。这一发现让猛犸研究专家们大为惊喜，因为它为科学家们了解这种史前巨型动物的生活方式提供了新的线索，科学家们甚至希望能从其身上提取DNA克隆出一只猛犸，从而使这种已经绝迹数万年的动物重见天日，重新生活在这个地球上。

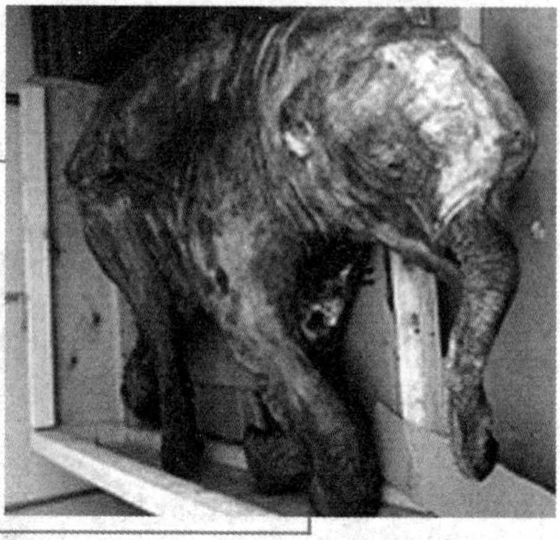

西伯利亚发现万年猛犸干尸

俄罗斯科学院动物学研究所的亚利克斯·特克洛夫负责对这只猛犸进行初步检查，他表示："除了尾巴被咬掉外，这头猛犸身上没有一处伤痕。但是，无论如何就其保存的完整状况而言，这可以称得上世界上最宝贵的发现。"要保持猛犸身体组织的活性，就必须迅速将其埋入泥浆、淤泥或流动的土地中，这样尸体才能迅速冻结。李斯特博士表示："目前，关于这只小猛犸的死因我们还不得而知，但是，它有可能是落入岩石缝或洞穴中，在被泥土掩埋后冻结。"这具猛犸的尸体正被送往日本进行碳定年，以确定其死亡时间。科学家们还将使用电脑扫描，对其内部器官和骨骼进行研究。由于这是一具猛犸木乃伊，因此尸体腐烂的可能性还是比较小的。

基因工程有望使猛犸复活

一旦科学家们从猛犸身体组织的某个细胞中提取出完整的DNA序列，他们就可以成功地进行猛犸克隆。在提出猛犸的DNA后，科学家们将使用电流将其与现代大象的卵细胞融合，然后将卵子植入一头大象的子宫内，经过21个月的孕育后克隆猛犸就可以分娩产出。科学家已经成功地运用这种技术克隆出许多种动物，包括绵羊、猪、牛、猫、狗和山羊，但还未克隆过大象。李斯特博士相信，理论上克隆出一头猛犸是可能的。然而，他说："我认为没有必要进行这种克隆。猛犸是一种高级的群居动物，因此我们不可能耗费大量的时间和金钱来克隆一群猛犸，并将它们养在动物园中。目前，我们要做的应该是保护好现存的象群。"

猛犸生活在北半球的第四纪大冰川时期，距今大约为 300 万 ~1 万年前，它们的身高一般有 5 米，体重 10 吨左右，以草和灌木叶子为食。由于身披长毛，可抗御严寒，一直生活在高寒地带的草原和丘陵上。猛犸曾是石器时代人类的重要狩猎对象，在欧洲的许多洞穴遗址的洞壁上，常常可以看到早期人类绘制的它的图像，这种动物一直活到几千年以前，在阿拉斯加和西伯利亚的冻土和冰层里，曾不止一次发现这种动物冷冻的尸体，包括带有皮肉的完整个体。猛犸是一种生活在寒代的大型哺乳动物，与现在的象非常相似，所不同的是它的象牙既长又向上弯曲，头颅很高。从侧面看，它的背部是身体的最高点，从背部开始往后很陡地降下来，脖颈处有一个明显的凹陷，表皮长满了长毛，其形象如同一个驼背的老人。

拓展阅读

第四纪大冰期

第四纪大冰期，第三纪末气候转冷，第四纪初期，寒冷气候带向中低纬度地带迁移，使高纬度地区和山地广泛发育冰盖或冰川。这一时期大约始于距今 200 万 ~300 万年前，结束于 1 万 ~2 万年前。规模很大。在欧洲冰盖南缘可达北纬 50 度附近；在北美冰盖前缘延伸到北纬 40 度以南；南极洲的冰盖也远比现在大得多。包括赤道附近地区的山岳冰川和山麓冰川，都曾经向下延伸到较低的位置。

猛犸生活到距今 1 万年的时候突然全部灭绝，科学家们解释认为，猛犸生殖与死亡之间的平衡遭到破坏，导致其数量不可避免地迅速减少直至灭绝。这是大自然本身的淘汰规律，并非对猛犸存在不公平。

猛犸

日本神户发育生物学研究中心的科学家们近日完成了冷冻死亡老鼠的克隆实验，并成功地使得一只已死亡并冷藏了16年的老鼠产生新的生命。科学家们宣称他们的研究成果将能够造福人类，还可以让一些早已灭绝的动物，比如猛犸和剑齿虎等复活。但克隆实验却受到了道德卫士们的批评与指责，实验结果令他们惶惶不安。批评者认为，随着这一实验的成功，人类克隆已近在咫尺，也许只是时间问题。如果有人愿意将死亡的亲戚复活，就可以把其尸体冰冻储藏起来以待克隆。这将可能导致产生一个恐怖的新行业——克隆行业。

也许克隆人还可以拥有完整的回忆，也许可以克隆出一个除了外表不同其他完全相同的个体。这是自克隆羊多莉出生后的最新克隆研究成果。此前科学家们虽然成功克隆了各种动物，但他们始终都是采用动物的活细胞进行克隆。有人认为，冰晶破坏了冰冻细胞的DNA，使它们丧失机能。但是，日本科学家们利用的是冷冻动物的大脑细胞，他们认为大脑的高脂肪以及头骨可以有效地保护脑细胞，减小被冰晶破坏的可能性。英国生殖伦理评论家约瑟芬·昆塔瓦莱认为，日本科学家的克隆实验已经走向了可接受科学的边界。“这样的研究提出了一个令人不安的问题。我们死后，如果将遗体捐献给医疗机构用于医学研究的话，多年后也许可能会被用作克隆研究。”但英国科学家们却对日本的突破性研究成果持欢迎态度。

利用冷冻16年的脑细胞克隆出健康老鼠

英国生物学家马尔科姆·艾莉森教授认为，“利用冰冻了16年之久的老鼠细胞克隆出新的生命，这与当年多莉出生采用的是同样技术。但为什么一些灭绝动物不能同样克隆呢？科学家们一直未能找到原因。”克隆冷冻鼠的实验由日本神户发育生物学研究中心若山照彦博士等科学家具体实施。他们从一只普通的雄性死亡老鼠的身上提取脑细胞并剥离出细胞核。然后，将剥离出来的细胞核与一个卵细胞结合，完成人工授精。当卵细胞受电流激活后，开始分裂并长成一个新生命胚胎。数日后，胚胎被置入代孕雌鼠的子宫之内。3 周后克隆幼鼠出生。据研究人员介绍，这些克隆幼鼠并未出现任何畸形，而且已进入成年期。

拓展阅读

西伯利亚

西伯利亚是俄罗斯及哈萨克北部的一片非常大的地域，占有整个北亚，面积约1310万平方公里。西伯利亚的范围西至乌拉尔山脉，东至太平洋，北至北冰洋，南至哈萨克的中北部以及蒙古和中国的边境。整个地域除了西南部分属于哈萨克以外，其余的都属于俄罗斯联邦，并占据了其75%的领土。

自克隆羊多莉诞生之后，科学家就一直希望能利用这种技术克隆出已经濒临灭绝的哺乳动物，但是用克隆技术挽救濒危动物面临着很多难题。首先，现有的克隆技术往往需要很多该动物的卵细胞，而与之相矛盾的是，越是稀有的动物，其卵细胞也就难以得到。多莉就有 3 个妈妈：一个提供乳腺细胞，一个提供未受精卵，一个负责将胚胎抚养成

拓展阅读

阿拉斯加

阿拉斯加州是位于美国西北太平洋沿岸的一个州，第49个加入美国合众国的州，也是美国最大的州、世界最大的飞地，该州的邮政缩写是AK，“阿拉斯加”一名最可能源于阿留申语的“Alyeska”，意思是“很大的陆地”。

小羊羔。虽然科学家们已经在异种克隆方面做了很多工作，但是无法从初期实验的顺利进展中推断是否能最终获得圆满的结果，迄今为止还未成功地通过这种方法复制动物。

袋狼是什么狼?

袋狼，因其身上斑纹似虎，又名塔斯马尼亚虎，祖先可能广泛分布于新几内亚热带雨林、澳大利亚草原等地。属于有袋类，和袋鼠一样，母体有育儿袋，产不成熟的幼仔，并且为夜行性。5000年前，野犬随人类进入澳大利亚，与食性相同的袋狼发生争斗，袋狼随后从新几内亚和澳大利亚草原渐渐消失。

塔斯马尼亚虎，也称袋狼

科学家提取了塔斯马尼亚虎（也称袋狼，20年前已被正式宣布灭绝）的DNA材料，将它注入老鼠的晶胚中，并在这个晶胚形成软骨和其他骨骼的过程中发挥了重要作用。澳大利亚墨尔本大学的安德鲁·帕斯克教授领导了这项研究，他说："这是第一次利用从灭绝物种中提取的DNA，诱使另一种活的有机体产生功能性反应。随着越来越多的动物走向灭绝，我们正在不断地失去对基因功能及其潜力的了解。"所以，这项新研究可帮助扭转这一局面。

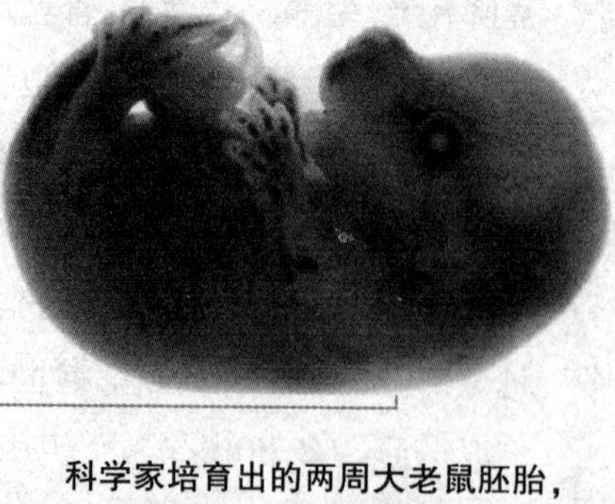

科学家培育出的两周大老鼠胚胎，其中的绿色部分表示袋狼的基因特征

在影片《侏罗纪公园》中，科学家通过重新激活被保存下来的恐龙的

DNA，让恐龙重新出现在地球上。一些科学家早就建议，像片中描述那样，利用克隆技术，让塔斯马尼亚虎复活。其他科学家对此则持怀疑态度，他们指出，克隆所需的 DNA 不太可能保存得足够好。

这项最新研究证明，从灭绝动物体内提取的 DNA 能够重新激活。塔斯马尼亚虎体长 5 英尺（1.52 米）。20 世纪初，野外的塔斯马尼亚虎被猎杀光了。1936 年，圈养的最后一只塔斯马尼亚虎在塔斯马尼亚岛上的霍巴特动物园里死去。但是一些塔斯马尼亚虎幼崽标本被完好地保存下来。

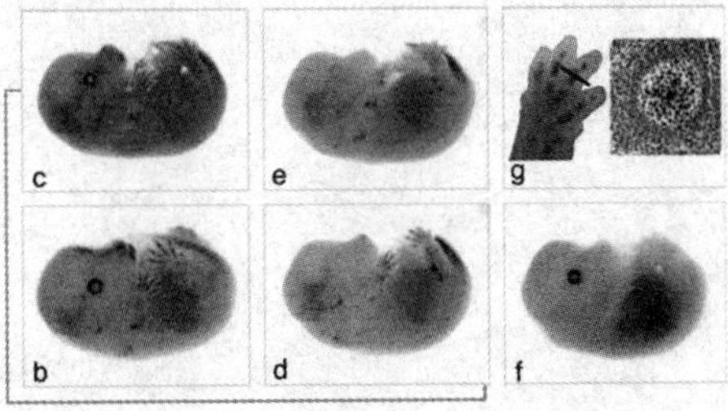

被注入袋狼 DNA 的老鼠胚胎发育过程

帕克斯的科研组提取了 DNA 片断，挑选出一种“增强子”和一种能产生胶原质的 Col2a1 基因。虽然它本身并不是一个基因，但是这个成分帮助基因发挥功能。将这个 DNA 放入老鼠晶胚内，它被“开启”，帮助软骨（形成骨骼的最初阶段）发育。该研究发表在《公共科学图书馆·综合卷》杂志上，科学家表示，该研究对了解已经灭绝的动物的生物学特性有很大帮助。

广角镜

热带雨林

热带雨林是地球上一种常见于约北纬 10 度、南纬 10 度之间热带地区的生物群系，主要分布于东南亚、澳大利亚、南美洲亚马逊河流域、非洲刚果河流域、中美洲、墨西哥和众多太平洋岛屿。根据世界自然基金会对各种生物群落的分类，热带雨林，或热带湿润阔叶林，亦可被归类为赤道低地常绿雨林，因此热带雨林又称赤道雨林。

基因探寻世界未解之谜

我们生活的世界是一个充满谜团的世界，虽然人类认识世界的历史已经几千年了，但是，面对大自然各种神奇的现象，我们依然无法做出解释。基因的世界也是如此的深不可测，任凭各国科学家永无休止地去研究，依然只是获得有限的认识。

科学的精神是不断地探索和发现。在基因王国里，人类已经开启了一扇大门，自从孟德尔发现遗传现象到现在已百余年之久，人类在基因领域取得了重大突破。科学家们利用基因来治疗病痛，生产高效药物，培育高产农作物品种。基因的利用已经深入人类生活的方方面面。相信有一天，人类征服诸如艾滋病、癌症、糖尿病等等病痛，创造更为神奇的手段来延长寿命都是可以实现的。

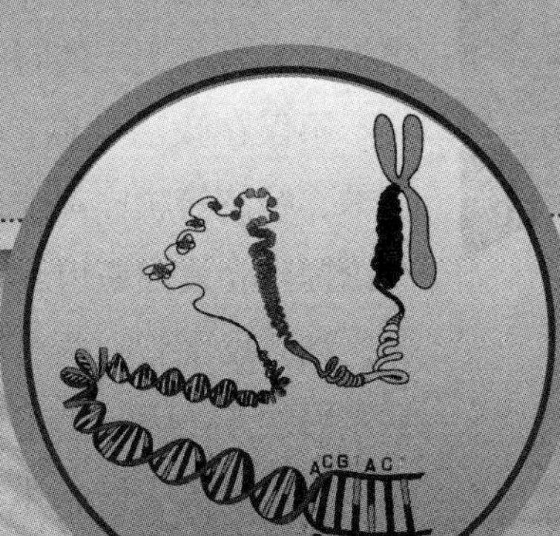

左撇子更聪明吗？

在互联网上搜索“左撇子”，能够找到45.3万项符合的条目。可以看出人们对左撇子的关注度很高。在网上，也可以很容易地找到左撇子论坛，左撇子在那里集群，形成了一个独特的现象。很多帖子都以类似“未来是属于我们左撇子的”、“左撇子的人生计划”为题。与此同时，许多父母却无法接受自己的孩子善于使用左手的事实，与遗传的天性做着斗争。那么左撇子真的比右撇子聪明吗？

美国哈佛医学院的一位神经病学家指出，左撇子是因睾丸激素太多或胎儿对睾丸激素太过敏感造成的。他认为，睾丸激素使得大脑右半球占支配地位，结果成为左撇子。

◎盛产天才的一族

马克·吐温

当克林顿当选美国第42届总统时，美国左撇子协会发表声明，说这是左撇子在人类历史上的又一次伟大胜利。在美国总统中，左撇子是最风光的一个群体。在美国200多年的历史中，有六分之一的时间由左撇子治理。

不仅在政治领域，左撇子在科学、文化、艺术、经济等领域都出过举世瞩目的天才。相对论提出者爱因斯坦，发现万有引力定律的牛顿，镭的发现者、两次获诺贝尔奖的波兰女科学家玛丽·居里，美国讽刺小说家马克·吐温，德国国宝级诗人歌德，喜剧大师卓别林，英国甲壳虫乐队主唱保罗·麦卡特尼，世界首富比尔·盖茨，石油大王、有史以来首位亿万富翁约翰·洛克菲勒，这些不凡的人才都用左手创造出了一个全新的世界。

基本小知识

玛丽·居里

玛丽·居里（1867.11.7－1934.7.4）。世界著名科学家，研究放射性现象，发现镭和钋（pō）两种天然放射性元素。一生两度获诺贝尔奖（第一次获得诺贝尔物理奖，第二次获得诺贝尔化学奖）。用了好几年在研究镭的过程中，作为杰出科学家，居里夫人有一般科学家所没有的社会影响。尤其因为是成功女性的先驱，她的典范激励了很多人。

这些是否都能够证明左撇子比常人更加聪明呢？“美国心理学会”一篇论文指出，左撇子在进行快速、困难且需要大量吸收资讯的活动时，思考速度确实略胜惯用右手者一筹，因为他们善于左右脑半球并用。一项有关神经心理学的研究结果显示，左撇子的左右脑联系比较迅速，大脑内资讯的流通较快，在应付多重刺激时也变得更有效率；在处理困难且复杂的资讯的时候，思考速度确实较惯用右手者为快，在运动方面的反应速度也比较敏捷。

◎走进左撇子的世界

几乎各个民族和不同时代，都有纠正左撇子的习惯。在东方，手的两项最主要动作——用筷子和写字，对于天生惯用左手的人，前者多在儿时已在家中被强行扳过来，而后者又往往在学校被强行纠正。不过不管如何纠正，这些人天生惯用手仍是左手。

左撇子键盘

在我国，有调查显示，左撇子人口可占到总人口的6%～7%。其他地方，这个比例随着左撇子定义不同而不等，多介于2%～30%之间。一种粗略的估计是左撇子占全世界人口的10%。

中国科学院某教授认为物以稀为贵，这可能使得左撇子人群更加受关注。当左撇子做出成绩的时候，就会给人留下左撇子比常人聪明的印象。其实，人的聪明程度和左撇子还是右撇子完全没有关系。

左撇子这种现象还引发了商机。由于大多数日常用品都是根据右手习惯设计的，市场上专门为左撇子开发的用品非常少，所以，有心创业的人士从这里入手，开设左撇子用品店，有了不错的收入。北京的张先生就在网上开了一家左撇子用品商店，出售左撇子剪刀等用品。张先生表示，在国外已经有很多这样的商店，但是中国却很少有。中国也有左撇子，他们也需要左撇子用品，只要做好宣传和调查工作，左撇子用品商店有广阔的市场。

◎ 左撇子的教育和发展

调查显示，我国的左撇子人口可占到总人口的7%左右。也就是说，在许多家庭中，都存在着习惯用左手的孩子。如何教育左撇子的孩子，成为了家庭教育的一大问题。

“中国的左撇子没有那么多，是因为很多人都在小时候被纠正了过来。”中科院某教授表示，中国社会向来有一种强烈的要求划一的传统，左撇子作为“异类”承受被迫改变的巨大压力。父母往往会用尽心思，绞尽脑汁要改正孩子使用左手的习惯。

对此，该教授表示，应顺其自然，切忌矫枉过正。从小善于用左手活动的人，其右侧大脑半球随着时间的推移而发展成为“优势半球”，如果强迫左撇子改为右撇子，则已经建立的右侧优势半球要改为左侧，会造成原来的语言中枢功能紊乱而出现口吃，甚至有的孩子出现唱歌时曲调走样、口齿不清、发音不准等现象。改左撇子为右撇子，不仅仅是矫枉过正，更会造成孩子生理和心理的不适与混乱，对孩子的智能发展极为不利。

美国哈佛医学院所做的一项试验表明，强迫孩子改用右手的成功率仅有5%，其余95%的孩子在心理上产生的阴影会影响其一生。

基本小知识

互联网

互联网，又称网际网路或音译因特网、英特网，是网络与网络之间所串连成的庞大网络，这些网络以一组通用的协定相连，形成逻辑上的单一巨大国际网络。这种将计算机网络互相连接在一起的方法可称作“网络互联”，在这基础上发展出覆盖全世界的全球性互联网络称“互联网”，即是“互相连接一起的网络”。互联网并不等同万维网，万维网只是一建基于超文本相互链接而成的全球性系统，且是互联网所能提供的服务之一。

人类利他行为与基因有关

以牺牲个人利益来成全他人的利他主义，在高等动物和人类身上都存在着，但人类的表现更为突出。由以色列西伯莱大学心理学家爱伯斯坦领导的研究小组通过长期研究，从遗传学角度，首次发现了促使人类表现利他主义行为的基因，其基因变异发生在11号染色体上。这一研究成果发表在《分子神经学杂志》电子版上。

由于人和动物在表现利他主义行为时，往往会冒着伤害自身利益的风险，难以符合进化论规律，因而早已成为进化理论研究中的一个重要课题。长期以来，科学家一直对利他主义的来源孜孜以求，甚至连达尔文也研究过此类问题。

爱伯斯坦告诉《耶路撒冷邮报》说，他们在20世纪90年代曾经发现过一种被称为“冒险”的基因。这次他们从354个有多个兄弟姐妹的家庭中，选取血液标本，向受测试者提问，并按照所获取的信息，划分其无私行为（一种测量利他主义的方法）的等级。由于调查问答和验血采用匿名方式，因此受测试者无需为自己标榜，可以获得较为准确的数据。为进一步求证得出的结论，研究人员还通过具有奖罚性质的经济游戏，来观测人们是否表现出利他主义的行为，然后再检测他们的基因变异情况，进行比较后发现，确实有利他主义基因存在。

利他主义

调查发现，大约有 2/3 的人携带有利他主义基因。有趣的是，“冒险”基因的变异情况与是否吃药、吸烟以及其他刺激行为有关。并且，与利他主义基因可以促进多巴胺被人体接受。有所不同的是，“冒险”基因的变异则减少了多巴胺的表现。尽管妇女在哺乳等社会行为中表现出更多的利他行为，但调查并没有发现妇女的利他主义基因比男人多。

研究人员指出，利他主义基因可能是通过促进受体对神经传递多巴胺的接受，给予大脑一种良好的感觉，促使人们表现利他行为的。这意味着多巴胺在忠实于社会道德准则的利他行为中发挥着十分重要的作用。研究人员认为，拥有利他主义基因的人可以承担好的工作，因为他们可以从工作中得到更多回报。

这种利他主义基因是第一次被发现，但研究人员认为，一定还有其他利他主义基因有待发现。而且，利他主义基因只是决定人类表现利他行为的一部分原因，另一部分因素则来自外界环境的影响，如教育等。

广角镜

多巴胺

多巴胺是一种脑内分泌物，属于神经递质，可影响一个人的情绪。多巴胺是一种用来帮助细胞传送脉冲的化学物质，为神经递质的一种。这种递质主要负责大脑的情欲，感觉，将兴奋及开心的信息传递，也与上瘾有关。爱情的感觉其实就是脑里产生大量多巴胺作用的结果。所以，吸烟和吸毒都可以增加多巴胺的分泌，使上瘾者感到开心及兴奋。

人类智慧起源之谜

人的智慧从哪里来？这是未解之谜。

“这是个有意思的发现。”中国科学院昆明动物所宿兵研究员面对基因树杈上的一个分点而兴奋。

这个点代表了一个关键的基因，它的学名叫作垂体腺苷环化酶激活肽（PACAP）前体基因。

在四分五裂最终形成如万花筒般大千世界的基因树上，这个点出现在人和近亲黑猩猩分化的瞬间。通过试验宿兵发现，分化之后，这个奇怪的基因，只在人脑中得到充分发展与进化，而在黑猩猩的脑袋里这个基因却“消失”了。

为什么人能够成为人，而猩猩永远只是猩猩？作为近亲，是什么让人更加有智慧，并且具有远远超越黑猩猩的创造力和认知能力？

当发现了这个基因之后，宿兵开始了一个大胆的设想：在人和猩猩分化之后，垂体腺苷环化酶激活肽前体基因在人脑中快速发展，而在黑猩猩脑袋里那里却停滞不前。也许，“垂体腺苷环化酶激活肽前体基因正是导致人类具有智慧的关键因素”。

宿兵先生所做的课题是“人类智慧起源的分子基础”。他认为这一发现有助于帮助我们揭开人类智慧起源之谜。最近，他的相关研究论文刚在美国《遗传学》杂志上发表，之后《科学》杂志进行了报道。

这项研究成果受到了国际科学界的重视。美国伊利诺伊州芝加哥大学的遗传学家 Bruce Lahn 认为，PACAP 前体在人类和黑猩猩之间的差异是“非常令人关注的”。他表示，“这项研究在促成人类大脑进化的候选基因名单上又增添了一个新的成员”。

人的智慧从哪里来？这是一个古老的话题。过去我们常说“劳动创造了人，使人变得聪明”。但是，驱动这一切成为可能的智慧“原力”又是来自哪里？正是基因研究的深入，让科学家们相信：某些基因在人类进化过程中发挥的作用更具决定力。

◎基因差异导致人类与黑猩猩分离

之所以选择黑猩猩作为这项研究的对象，宿兵介绍，当然是因为黑猩猩足够聪明。对黑猩猩的大脑基因进行研究，通过分析比较大脑发育基因的差异，将有助于解释从黑猩猩到人在认知能力上的飞跃。

黑猩猩被当成是人类的近亲，就连“猩猩是否应该算人类”的话题，也曾经在科学界引起过激烈讨论。

2003 年，美国韦恩州立大学科学家古德曼及同事提出一个令人喷饭的建议：应当将黑猩猩归入人属。这一建议提出的背景是：古德曼等人选取人、黑猩猩、大猩猩、猩猩、旧大陆猴和鼠为研究对象，比较了这 6 个物种在 97 个功能基因上的差异程度。分析结果发现，在编码功能基因的 DNA 序列方面，黑猩猩与人的相同之处可达 99.4%，最为接近。

这一建议立即在科学界引起争论。如美国加利福尼亚理工学院科学家布里滕的研究显示：黑猩猩与人类遗传信息上的差异可能达到 5%，高于科学家普遍认为的 1.5%，因此古德曼等人的建议争议很大。

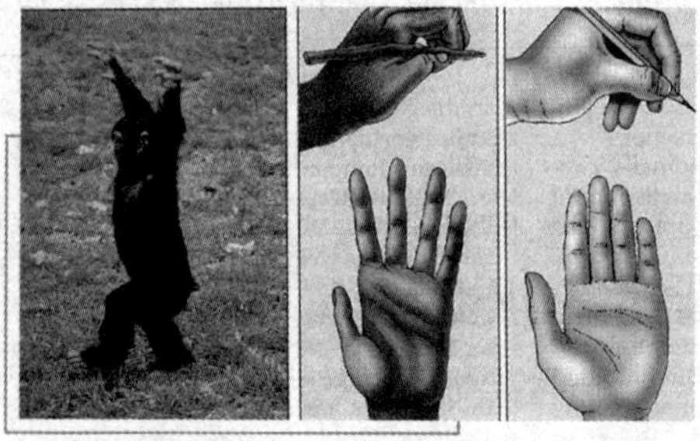

人的进化

一项由上海科学家参与的全球研究在破译了黑猩猩的第 22 号染色体后推断，黑猩猩在进化过程中比人类丢失了更多的 DNA 片段，这可能是造成两者诸多差别的重要原因。这也被看成是人类和黑猩猩拥有同样的祖先，但黑猩猩最终未能进化为人类的原因所在。

虽然光在基因水平上很难对一个人和一只黑猩猩做出判断，但是在对两者的大脑和行为进行对比后，就会发现这种差别是显而易见的。科学家们认为，一定有一种与大脑发育有关的重要基因的进化可以有助于解释这一区别。

◎进化树上的神秘基因

宿兵研究员介绍，在他所做的实验中发现，当人类与黑猩猩在进化树上“分道扬镳”后，PACAP 的前体基因在人类的“家系”中以一种反常的速度进行着演化。

在演化过程中，PACAP 前体做了大量工作：它至少曾经编码了多种不同蛋白质。在人体内，一个能够生成 PACAP38 蛋白质的基因区域与此有着密切的关系。宿兵推测，这种蛋白质在神经细胞的传递中扮演了不同的角色，并且对于小脑的正常发育和影响脑细胞的转移起到了关键作用。

特别值得一提的是：另一个名为“未知领域”（UD）的基因序列还显示：该基因曾经在人类的进化过程中发生了极为迅速的变化———其速度大约是 UD 基因在其他哺乳动物体内演化速度的 7 倍——基因序列还显示，UD 基因曾经在进化过程中得到了优先选择。

“这就是达尔文正选择。”宿兵介绍，达尔文正选择是生物学名词，简单地说就是有利的被选择，不利或致死的被淘汰。

宿兵推测，这个基因的变化，肯定是因为在人脑中发生了适应性的变化，极有可能和人类智慧起源有着密切的关系。

由此他们预测：“可能在人的神经里，产生了新的多肽，和一般的黑猩猩已经明显不同，这是一种有活性的新的神经肽，而在非人类的灵长类动物中并没有。”

“我们认为，垂体腺苷环化酶激活肽（PACAP）前体基因这个基因与人类智慧起源有着密切的关系。”“它的出现究竟产生了怎样的作用，这个基因的独特功能以及体制，将是我们下一步要继续深入的工作内容。”

◎基因让黑猩猩不如人聪明

人和猿的分化是在 500 万年前，黑猩猩是和人最接近的动物。在此前的基因研究中，科学家们倾向认为，人与猩猩的“差别”不大，只有大约 2% 的差异。但是，正是这 2% 的基因差异使得人与猩猩的智能、行为、心理和生理变得差之毫厘、失之千里。

人与黑猩猩

但是，从神经语言学、神经心理学等高级神经活动和心理活动来看，人与猩猩和猴子的差距并不是有好几个数量级的差异，而可能是人类的婴儿与成年的差别。有几个事实可以说明问题。

据美国和法国科学研究小组的研究发现，给婴儿和成年猴子讲日语和荷兰语，两者都不懂词的意义，但两者都能区分它们是日语还是荷兰语。研究人员还不能确定是否是靠提示才使得婴儿和猴子区分这两种语言，只是在倒着说日语和荷兰语时，猴子和婴儿都不能区分这两种语言，这表明他（它）们的神经在处理语言的输入方面确实有相同的机理。这个事实也说明，婴儿的语言能力与成年猴子的能力在某些方面差不多，据此可推论猴子的智力在某些方面可能相当于婴儿。因为语音处理并不是人类所特有的能力，而是所有灵长类动物的能力。而且收听节奏等语言特征的能力可能是来源于同一灵长类的进化历史。从猩猩和猴的许多行为与智能可以推知人类的童年。

基因研究发现，人和黑猩猩共同的祖先可能拥有比两者都更长的染色体，人之所以比黑猩猩聪明，是因为两者分化后黑猩猩比人缺失了更多的DNA片断：黑猩猩第22号染色体和其对应的人第21号染色体之间，单个碱基差异为1.44%，明显高于以往的报道；DNA片断的插入和缺失达68000个，导致人的第21号染色体要比黑猩猩的第22号染色体长400kb。这些数据将

拓展阅读

氨　基　酸

氨基酸是构成蛋白质的基本单位，赋予蛋白质特定的分子结构形态，使它的分子具有生化活性。蛋白质是生物体内重要的活性分子，包括催化新陈代谢的酵素和酶。不同的氨基酸脱水缩合形成肽，是蛋白质生成的前体。

来可用作解释人类和其他动物的区别。

231 个表达基因中，83% 的基因表达蛋白质有氨基酸系列的变化，有 21 个基因在人和黑猩猩的脑和肝脏的表达上有 1.5～10 倍的明显差异，这种差异可能与两者对某些疾病的易感性相关。

人的潜力之谜

人在危急关头，往往能充分发挥体内的潜在能力。一位飞行员因飞机故障迫降了，正当他在地面察看飞机起落架时，突然有头白熊抓住了他的肩头。飞行员在情急之中，竟然一下子跳上了离地 2 米的机翼。令人不可思议的是，他是穿着笨拙的皮鞋、沉重的大衣和肥大的裤子跳上去的；一位 50 多岁的妇女在烈火蔓延之际，抱起一个超过她体重的、装有贵重物品的柜子，一口气从十楼搬到了楼外的地上。等到大火被扑灭后，她却怎么使劲也搬不动那个柜子了。

医学家早已发现，人体有着惊人的潜力。美国波士顿有一位 80 岁的老翁，一次在马路上不幸被卡车撞死。医生在做尸检时发觉老人体内的许多脏器早已发生严重病变：血管明显硬化；心脏扩大，几乎超过正常人的一倍；肺部有结核病变；两侧慢性肾炎；肝脏血管阻塞，已产生侧支循环。其中，每一种病变几乎都可以置他于死地。然而，死者生前一直生活得很好，并走亲访友，四处活动。这一奇迹是怎么出现的呢？医学家认为，人体许多器官都有很大的潜力，万一器官的一部分损坏了，另外的部分就会取而代之，继续维持正常的功能。

正常人在安静情况下，心脏每分钟输出的血量为 5000 毫升左右。某些疾病可使之减少到每分钟输出 1500 毫升，却仍能维持生命。剧烈运动时，心跳快而有力，每分钟可输出血液 20000 毫升以上。一个训练有素的运动员，心脏每分钟的输血量可高达 35000 毫升，是平静状态下正常人的 7 倍。由此可见，心脏的潜力是多么大！

人主要是靠肺进行呼吸的。在显微镜下，可以看到肺内部有许许多多小“气球”，这就是肺泡。据估计，一个成年人有三四亿个肺泡。如果把它们一个一个摊开的话，面积可达100平方米。肺部发达的人，肺泡总数可多达7.5亿，总面积达130平方米。通常，这些肺泡是轮流“上岗”工作的。据测试，在安静情况下，肺泡每分钟的通气量是4200毫升左右；患某些疾病时，每分钟减至1200毫升，仍能维持几小时生命。剧烈运动时每分钟通气量可高达120000毫升，比安静时要高出近30倍。由此不难理解，一侧肺因病切除后，单靠另一侧肺也足以满足正常生理需要。

人体内遍布毛细血管，总长度占全身血管长度的90%以上。现今已知道，在正常情况下，大多数毛细血管都“关门”休息，只有1/5～1/4的毛细血管开放着；待到剧烈运动时，毛细血管才全部开放。

肾脏是制造尿液的器官。它的制尿部位是由许多肾单位组成的。一个肾脏大约有100多万个肾单位。通常，每个人都有两个肾脏，左右各一。据统计，每550人中就有一个单肾人，他们大多能正常生活。有些医学家认为，只要有30%～40%的肾单位在正常工作，人就可以高枕无忧了。苏联有个叫巴巴扬的男子，在卫国战争时腰部中弹负过伤，不久伤口就痊愈了。几十年来，他除了有时觉得腰部有点疼痛外，一直很健康。一次，他突然腰痛发作，被送进了医院。医生在他的右侧肾脏里发现了那颗子弹。子弹取出后，巴巴扬又像正常人那样生活着。这位男子带着肾脏里的子弹生活了40年，实在让人吃惊。

消化道的潜力也很惊人。在消化道中，以小肠最长。它卷缠盘绕，长5～8米。小肠内壁有皱折，还有如天鹅绒似的绒毛，这能使肠表面积增加600倍，使消化和吸收能力大为提高。据报道，一位奥地利海员因病切除了肠道的15/17，剩下的肠道，仍能挑起消化和吸收的重担。

人体的潜力是指人体内暂时处于潜在状态还没有发挥出来的力量。科学家发现，人体的潜力相当惊人，有待于人们研究、挖掘。

炼钢炉前，炼钢工人挥汗如雨。正常人究竟能耐受多高的温度呢？英国一位专家就这个问题亲自进行了一次试验。他钻进一个正在加热的密闭屋子里，温度逐渐升高，甚至超过 100℃，他在那里待了 7 分钟，感觉呼吸尚好。他走出热屋子，自己数了数脉搏，每分钟跳 144 次。若不是他亲身进行了这次试验，谁会想到人体能耐受这么高的外界温度呢？

在智力方面，人的大脑大约共有 140 亿个神经细胞。而经常活动和运用的不过 10 多亿个，还有 80% ~ 90% 的神经细胞在“睡大觉”，尚未很好地发挥作用。美国的一位科学家认为，健康人的大脑，如果一生中始终坚持学习，那么它所容纳的知识信息量可达 52 亿多册书的内容。

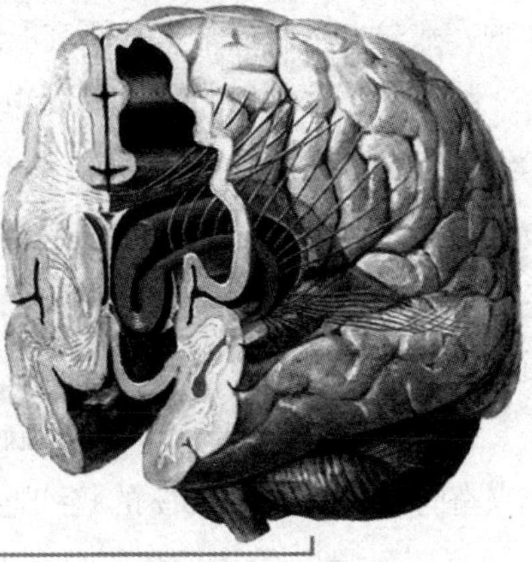

人的大脑

人的毛细血管，占全身血管总长度的 90%，它的血容量比动脉里的血要高 600 ~ 800 倍。但是，在一般状态下，只有 1/5 ~ 1/4 的毛细血管开放，其余全部闭合，处于没有发挥作用的状态。人体肺脏中的肺泡，经常使用的也只是其中一小部分。不论是血液循环系统，还是呼吸系统，潜力都是很大的。通过锻炼身体可以发挥潜力，提高肺活量和增大血管容积。

人在遇到紧急情况时会发挥平时所没有的力量，如为了救人，一个弱女子猛地举起了重物；一个老婆婆在夜间碰上恶狼，结果将狼打死。这都是人体潜力在紧急关头发挥出来的结果。原来，人体的肌肉和肝脏里在平时贮存着大量的“三磷酸腺苷”，简称 ATP。这种 ATP 就是能量的来源。在正常情况下，人体只需要一部分 ATP 提供能量就可以了。一旦遇到紧急情况，大脑就会发出命令，让全身所有的 ATP 立即释放出来。命令下达后，身体能量剧增，就能做出平时想象不到的事情来。

科学家估计，目前世界上大约有 5% 以上的疾病不需要治疗就能自愈，这也被认为是人体潜力的作用。这种潜力包括人体免疫系统的防御作用和自身稳定作用等。能不能让更多的疾病不经治疗而自愈呢？这是现代医学探讨解决的问题。比如癌症，现在被认为是不治之症，可是也有靠人体潜力使癌细胞消退的例子。人体使癌细胞消退的潜力在哪里？这还是一个谜。

大脑的潜力。1926 年，苏联成立了专门研究列宁脑的研究所。此后，基洛夫、加里宁、马雅可夫斯基、巴甫洛夫、爱因斯坦和斯大林等杰出人物的大脑，都先后送到这个大脑研究所进行过研究。

脑科学告诉我们，人的脑大约有 1000 亿个神经细胞，其中组成大脑皮质的细胞就有 140 亿个。据研究，一秒钟内，大脑会发生 10 万种不同的化学反应。在这些星罗棋布的神经细胞中，每一个都与其他一万多个细胞保持着联系。难怪大脑仅占人体重量的 2%，却要消耗人体 1/4 的氧气和 1/5 的营养物质，成为人体的“大食客”了。

有些脑科学家认为，人的大脑细胞被开发的只占 10%，即便人高度紧张和兴奋时，也有大约 50% 的脑细胞处于休眠状态。苏联学者叶夫莫雷夫指出：“人的潜力之大，令人震惊万分。如果人们迫使大脑开足一半马力，那么我们就能毫不费力地学会 40 种语言，把《苏联大百科全书》从头到尾背下来，完成几十个大学的课程。”如此看来，发掘大脑潜能研究的前景将是何等迷人！

人体的潜力对适应环境、战胜困难、恢复健康来说，是极为重要的。身心的锻炼，是增强人体潜力的重要方法。比如，经常参加体育锻炼的人，心肺的潜力要比长期静止不动的人大得多。经常用脑的人，记忆力和判断力会大为提高。

信心和意志是开发潜力的有力武器。有些病入膏肓的人没有被疾病吓倒，而是用乐观精神面对现实，表现出顽强的求生意志。这时，他体内的各种抗病潜力被动员起来，结果创造了医学史上的奇迹。德国有个叫纽曼的男子，在做胸部 X 线检查时，医生预测他将不久于人世，但纽曼并不介意，依然乐呵呵地到世界各地去观光旅游。20 年以后，他仍然活着，还成了国外一家报社的特约通讯员。

激发无限的潜能，人类潜力开发的最热趋势。“大多数的人想改造这个世界，但却罕有人想改造自己。”这是托尔斯泰的名言。

的确如此。多数人实际上很少思考：我们如果不把自己的能力激发出来，那么如何去改造这个世界呢？值得庆幸的是，有一位世界顶级激励大师——安东尼·罗宾斯，为您研究并安排了如何能激发无穷潜能的训练课程，这也正是本书的不同寻常之处。安东尼·罗宾斯把这本《激发无限的潜力》称为个人成就的新科学，曾经运用于美国前总统克林顿、前南非总统曼德拉以及英国王室成员的咨询上，并帮助网坛常青树阿加西、拳王泰森以及前世界游泳冠军获得了成功。

在我们每个人的生命中，都会面临一些因为害怕而做不到的时刻，因此也只能画地为牢，使无限的潜能只化为有限的成就。就比如安东尼·罗宾斯在通常的培训课程上让学员们赤脚走过烧红的火碳，这在很多人看来简直是不可能的，是魔术或者特异功能般的技艺。但是，这里面确是有着它的科学道理的，只要受到一些专业训练，不必借助任何魔术或者特殊的能力，几乎任何人都可以赤足走过火堆。大多数人正是由于不了解人体的机能，不相信自己可以赤足走过火堆而不受伤害，才畏缩不前。那些接受安东尼·罗宾斯短期训练的人，在最后平安走过火堆以后，人生观念无不发生了重大变化，因为原先认为根本做不到的事情，竟然轻易就可以达成。由此看来，人的局限性，正是在于人们自己在观念上局限了自己。

基本小知识

肺 泡

肺泡是肺部的实质组织最末一级分支，外呼吸中气体交换的场所。成人肺中肺泡数目约为3亿。其大小约为0.2毫米。肺泡由小肺泡细胞、大肺泡细胞组成，肺巨噬细胞、肺泡与肺部毛细血管紧密相连。两者的膜大部分融合，有助于气体的快速扩散。而肺泡表面液体层，I型肺泡细胞与基膜、薄层结缔组织、毛细血管基膜与内皮组成了所谓的气—血屏障。

艾滋病毒从哪里来?

艾滋病的病原体呈球形，遗传物质为单链 RNA。RNA 外面有一层起保护作用的蛋白质衣壳，衣壳外面有由脂类、蛋白质和糖类组成的包膜。艾滋病病毒含有逆转录酶，此酶利用 RNA 作为模板合成 DNA。当艾滋病病毒感染某个细胞时，病毒的包膜和衣壳脱去。在逆转录酶的作用下，单链的 RNA 被用作模板形成一个 RNA - DNA 杂合分子，又以 RNA - DNA 杂合分子中的 DNA 作为模板形成一个 DNA 链，最后又以此链作为模板形成双链 DNA 分子。此 DNA 分子整合到寄主细胞的 DNA 中，从整合的病毒 DNA 中产生子代病毒。艾滋病病毒首先侵入人体的淋巴细胞进行大量繁殖，使之失去识别外来抗原的能力，从而造成人的免疫缺陷。故该病毒侵染人体免疫系统后引起的病，称为获得性免疫缺陷综合征，简称艾滋病。

艾滋病毒破坏人体的免疫能力，导致免疫系统失去抵抗力，而导致各种疾病及癌症得以在人体内生存，发展到最后，导致艾滋病（获得性免疫缺陷综合征）。在世界范围内导致了近 1200 万人的死亡，超过 3000 万人受到感染。在感染后会整合入宿主细胞的基因组中，而目前的抗病毒治疗并不能将病毒根除。在 2004 年年底，全球有约 4000 万被感染并与人类免疫缺陷病毒共同生存的人，流行状况最为严重的仍是撒哈拉以南非洲，其次是南亚与东南亚，但该年涨幅最快的地区是东亚、东欧及中亚。1986 年 7 月 25 日，世界卫生组织（WHO）发布公报，国际病毒分类委员会会议决定，将艾滋病病毒改称为人类免疫缺陷病毒（Hmuan Immunodeficiency Virus）简称 HIV。

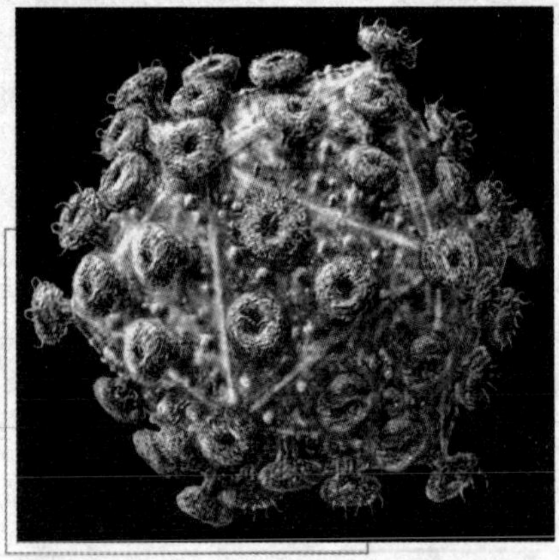

艾滋病毒

知识小链接

淋巴细胞

淋巴也称淋巴液，它其实是由组织液渗入毛细淋巴管后形成。淋巴是组织液回流的辅助渠道，参与维持机体的组织液平衡。淋巴是人体免疫系统的重要组成成分，当淋巴流经淋巴结的时候，液体中的异物会被清除。淋巴中含有淋巴细胞和抗体，偶见单核细胞。淋巴的成分因身体部位而异。

艾滋病毒存在于感染的人的血液、精液或阴道分泌液中，以带病毒的体液进行传染，潜伏期可长达几年。早期艾滋病患者有低热不退、腹泻、消瘦、盗汗、疲乏等症状。晚期艾滋病有平时罕见的卡氏肺囊虫肺炎和卡波济肉瘤等，这两种并发症常成为艾滋病人死亡的主要原因。艾滋病是通过体液传播的，如无保护性交、吸毒。艾滋病已成为世界各国共同关心的问题，世界卫生组织把1988年12月1日定为世界艾滋病日，旨在通过宣传教育，提高人类的自我保健能力，以防止艾滋病的蔓延。迄今对艾滋病尚无特效疗法，根本的控制措施在于预防。

那么，这么可怕的病毒究竟是来自于哪里呢？

1999年9月，《河源：追溯艾滋病病毒和艾滋病起源》一书，把原本就不平静的医学界搅得翻天覆地，热闹非凡。书中论及的是如今威胁人们生命与健康的头号瘟疫——艾滋病。

这本书的作者是一名叫作爱德华特·胡珀的记者，全书通篇是一份纪实报告。作者根据一些历史事件提出一种论点，即艾滋病最早暴发流行，是人们使用受艾滋病病毒（HIV）污染的脊髓灰质炎疫苗所致；今天引起人患艾滋病的艾滋病病毒亚型的一种HIV－1，是中非20世纪50年代末使用受污染的脊髓灰质炎疫苗（OPV）使病毒进入人体的。这就是所谓脊髓灰质炎疫苗－艾滋病病毒（OPV－HIV）假说。

胡珀的假说将生物医学界卷入其中，引发一场学术大争论，其规模之大不亚于20世纪80年代末90年代初，法国与美国关于艾滋病病毒发现权的旷世之争。

现在人们认为，艾滋病病毒亚型 HIV－1 来自非洲黑猩猩，而艾滋病病毒亚型 HIV－2 来自非洲黑白眉猴；但对艾滋病病毒怎样越过种属屏障，即从猴、猩猩到人，有较大争议。胡珀在书中亦未对此做明确解释，但该书提供了一个证据——黑猩猩和黑白眉猴的肾，曾被用来生产脊髓灰质炎疫苗，只是制作疫苗的这一记录已无法找到。胡珀还据此推论说，医学研究人员用黑猩猩或猴的肾细胞做脊髓灰质炎疫苗，这种疫苗被猩猩或猴体内艾滋病病毒污染，而这种疫苗在 20 世纪 50 年代末消灭脊髓灰质炎的“战役”中曾广泛使用，从而导致艾滋病病毒广为传播。当时，世界卫生组织力求尽早消灭发展中国家的传染病，以非洲为主战场，脊髓灰质炎是首选目标。

1998 年，美国霍华德·休斯医学研究所科学家比阿特丽斯·哈恩则认为，有相当多的证据证明，艾滋病出现得更早，因而不会是脊髓灰质炎疫苗引发的大规模传播。艾滋病是在打猎、屠宰和食用未煮熟的肉食时，由受感染的动物血液感染人的皮肤和黏膜患病的；而污染针头是导致艾滋病病毒在人群中迅速传播的原因。

白眉猴

哈恩认为，胡珀只提出一个假说，但不能证明黑猩猩或黑白眉猴的肾，曾被用来制作疫苗。此外，事实上在野猴身上还存在几十种病毒类似艾滋病病毒，如果艾滋病病毒从黑猩猩自然转移至猴子，没有理由说这种转移不会再次发生。

美国威斯塔研究所曾从事脊髓灰质炎疫苗研制的希拉里·科普罗斯基，对脊髓灰质炎疫苗－艾滋病病毒假说甚为不满，而且持激烈的否定态度。他说，如果按照胡珀的观点，脊髓灰质炎疫苗引起艾滋病传播，那未免太具讽刺意味！因为当时世界卫生组织拟在全球消灭脊髓灰质炎，正对疫苗研制做最后冲刺。如果相信胡珀之说，那他和其他研制疫苗的研究人员岂不成了魔鬼？胡珀的观点建立在他的偏见之上，并不是事实，胡珀必须用事实和证据说话。

为了解析胡珀假说的真伪，科学家趋向用实验证实，而要确认曾用动物的肾生产疫苗，就只有靠巴克的冰箱解决问题。

自1992年以来，世界上剩余的一种脊髓灰质炎口服疫苗被用于非洲数百万儿童接种，以预防脊髓灰质炎（小儿麻痹症）。这些疫苗贮藏在一个冰箱里，这个冰箱被保存在美国费城威斯塔研究所的另一个大冰箱内，只有该所所长克雷顿·巴克有这些冰箱的钥匙。正是这些脊髓灰质炎疫苗，被怀疑引起艾滋病大传播，因为这些疫苗正是在20世纪50年代生产的。

根据实验要求，巴克必须打开冰箱，将脊髓灰质炎疫苗样品分送到3个独立的实验室检测，以证明这些疫苗是否含有艾滋病病毒或艾滋病病毒前体。

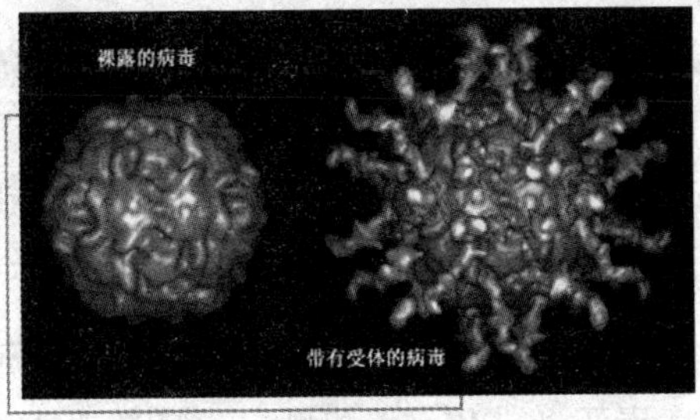

脊髓灰质炎

巴克表示，为了避免媒体带来的压力，这3间实验室暂时都保密，以保证研究的双盲性。也就是说，各个实验室都不知道其他实验室在做什么，这样才能保证研究结果的客观性。

与此同时，世界上顶尖级的一个线粒体DNA分析实验室，正在致力于鉴别用于生产脊髓灰质炎疫苗的灵长目动物。

2000年2月，威斯塔研究所宣布找到了当年生产疫苗的样本。接着，该研究所请英国、法国、德国同行对样本进行分析，结果没有发现任何黑猩猩肾脏细胞以及艾滋病病毒踪迹。在随后进行的第二次分析中，研究人员在样本中发现了短尾猴的肾脏细胞，但是短尾猴并未被艾滋病病毒感染。

2000年9月，德国莱比锡的马克斯·普朗克研究所与世界上首次分离出艾滋病病毒的法国巴斯德研究所，在英国伦敦皇家学会的一次会议上指出，他们通过实验分别得出这样一种结论：“‘由于20世纪50年代为非洲大约100万人注射脊髓灰质炎疫苗时不慎传播了艾滋病病毒，从而导致了今天非洲艾滋病灾难'一说毫无根据。"但是，颇有意思的是，这一结论并未动摇"疫苗假说"的始作俑者——爱德华·胡珀坚持自己说法的信念。

科学界公认引发艾滋病的艾滋病病毒，最初存在于中非西部的黑猩猩身上，只是不知道何时以何种方式传播给人类；对此，普遍的推测是，猎人在非洲追捕大猩猩时，被携带艾滋病病毒的猩猩抓破了皮肤，或者是猎人在宰杀黑猩猩时不小心划破手指被感染。

目前，研究人员握有被艾滋病病毒感染的人类早期标本共有 3 个：1959 年收集的一位生活在刚果民主共和国（简称"刚果国"）的成年男性的血浆；1969 年收集的在美国圣·路易斯死亡的一位非洲后裔的人体组织标本；还有一个是 1976 年死亡的一位挪威海员的人体组织标本。

对此，美国著名华裔科学家何大一研究小组曾有一个结论。

1998 年，何大一领导的阿伦·戴蒙艾滋病研究中心，对 1959 年采集的血浆标本进行研究分析。他们认为，在非洲班图部落一名男性体内发现的艾滋病病毒，是目前在全世界传播的艾滋病病毒亚型 HIV－1 的祖先；而从艾滋病病毒亚型进化程度推断，其感染人类的时间应当是 1959 年以前不太长的一段时间，大约是 20 世纪 40 年代或者 50 年代初期。

此后，2000 年 1 月，美国洛斯阿拉莫斯国家实验室的贝特·科伯博士，通过收集各种数据建立一个复杂的数学模型，然后由计算机模拟艾滋病病毒进化过程，进而得出结论说，艾滋病病毒亚型是在 1910—1930 年间进入人体的，地点是西部非洲。科伯认为，他的结论误差时间为 20 年。那么，1986 年蒙特尼尔等人从西非艾滋病患者体内分离出来的艾滋病病毒亚型 HIV－2 又是什么年代进入人体的呢？比利时生物学家范达美，从几内亚比绍的一个小镇坎丘果采集 HIV－2 感染者样本，并与当地黑白眉猴的猴免疫缺陷病毒（SIV）进行比较分析，得出结论说，HIV－2 中的 HIV－2A，于 1940 年前后从黑白眉猴传到人；而 HIV－2B，则于 1945 年前后从黑白眉猴传到人。

2003 年 5 月 12 日，美国科学院院刊刊发范达美的研究报告，该报告指出，由于历史上战争、奴隶贸易等，使得输血、性交易盛行，从而使 HIV－2 广泛传播。比如 1966 年，几内亚比绍就出现了第一例因输血而感染HIV－2

的病例；而且，几内亚比绍1963—1974年的独立战争，与HIV－2开始流行有着时间上的一致性。

研究发现艾滋病病毒或源自猴子。科学家们在论文中指出，发现黑猩猩体内的SIV病毒可能源自两种猴子病毒的重组产物具有重要意义。它证明了除人类之外，还有一种类人猿会在自然条件下通过跨物种传播而携带两种不同的SIV病毒。

早先研究曾发现，人类1型艾滋病病毒（HIV－1）的前身是黑猩猩体内的一种猴免疫缺损病毒（SIV）。但黑猩猩感染的这种病毒究竟源自何处呢？一个国际科学家小组得出的最新结论是：它可能是不同猴子体内的另外两种SIV病毒重组后的产物。

非洲多种猴子体内都携有不同的SIV病毒。美国、英国和法国科学家在研究中将这些病毒与黑猩猩体内的SIV病毒进行了基因组比较分析，结果发现，作为人类艾滋病病毒前身的SIV病毒，很可能是由红冠白脸猴和大斑鼻猴体内的两种SIV病毒重组而成。科学家们在美国《科学》杂志上以《黑猩猩SIV病毒的混合起源》为题发表论文，介绍了有关研究过程和结论。

人的头颅可以移植吗？

在当今的医学领域里，人体器官的移植已经算不上什么新鲜事了，但要是来一个更大胆、更彻底的移植，比如改头换面又会怎么样呢？美国克利夫兰市凯斯大学的罗伯特·怀特博士提出的设想就是实实在在地把一个人的头移植到另一个人的身体上。这听起来有点像科幻小说里的奇想，然而怀特博士充满信心。他说，换头虽然不能在明天就获得成功，但实现它几乎是可以肯定的。

怀特博士这一出语惊人的说法，并非仅仅来源于理论假说。凯斯大学的科研人员在他领导下已经用猴子做过多次换头手术，获得了大量的实际经验。他们的做法是首先把移植的头颈部的动脉和静脉连接起来，再把气管和食管连接起来，最后是缝合颈部的肌肉和皮肤，一般在手术之后 6 个小时左右，改头换面的猴子就会苏醒过来，逐渐感受生命中的新的变化。经过换头之后的猴子不仅能够转动眼球，跟着怀特的手指去看，而且它们的嗅觉、味觉也很快恢复正常，它们还能用爪子去摸脸。

《圣经》题材绘画

《莎乐美接受施洗礼者约翰的头颅》

今年 70 岁的罗勃特·怀特博士是国际知名的神经外科专家，已经先后发表专业论文 700 余篇，其中许多理论阐述深受同行推崇。怀特博士很早就开始了对人体换头手术的研究，他 1970 年第一次在猴子身上实现换头手术。他说：“我们在猴子身上的成功实验使我们相信在人体上也同样可以获得成功，而且我们估计人体的换头手术会更容易一些，因为人的颈部结构远比猴子的要大得大，容易施行手术。”

怀特博士更愿意将换头称为整体移植，他认为整体移植具有保全生命的极大潜力，特别是对于全身瘫痪的病人意义极大。这些病人由于多种内脏器官受损，被认为不再有为之进行脏器移植治疗的必要，但假如给他们换一具完好的躯体，他们就能够生存下去，事实上已经有众多瘫痪病人向怀特博士申请登记，接受整体移植手术，希望有朝一日怀特博士能够获准施行这一手术，解除他们肢体残缺的痛苦。在一次跳水事故中落下左半身瘫痪残疾的科利戈·维托维斯表示，愿意第一个接受换头手术。尽管有一些志愿者甘愿接受怀特博士的拓荒实验性的手术，但有关当局却没有认可和批准这项手术实施的意向，至少目前在美国是这样。对此，怀特博士深有感慨地说：“我不认为这样一个手术会引起有关伦理道理的争议，况且这里根本不存在道理伦理问题，我们是在拯救生命。”

以怀特博士为首的外科专家们必须要面对的一个难题是：如何在换头之后完好地接通脊髓，只有脊髓连接畅通，才能使改换了承载体的头颅和大脑有可能和新的身体通上“电”，从而指挥驱动与它联结起来的身体。随着近年来脊髓研究的迅速发展，科学家们预言这一问题可以得到圆满的解决。怀特博士充满信心地说，他们在这方面的研究已经取得了实质性的进展，而只要这个问题解决了，经过手术连接而成的新人就可以恢复肢体的行动功能，进而完全像一个正常人一样行动坐卧。既然整体移植手术不妨害伦理道德，又有足够的技术把握，为什么不能将它付诸实施呢？怀特博士坦率地说：“是新闻媒介的围攻，再有就是我们还无法知道一个接受了整体移植手术的病人能够存活多久。”不过他认为，当初心脏移植手术刚刚开始施行时，也曾有过同样的疑问。这位外科专家毫不迟疑地断言，在未来50年内，头颅移植会像今天的肾脏移植一样成为平常事。

除了技术上的问题，整体移植还涉及种种其他问题。比如，躯体奉献者的亲友们对于将他的身体连接到另一个头颅上的现实，在心理上能否接受？假设某人的妻子的躯体被移植在另一个头颅上，那么这个新的合成人该算是谁呢？是某人的妻子有了一副新脸孔，还是另一个女人拥有了某人之妻的身体？这里引申出来的是有关身份、个性甚至社会归属、人际关系等等一系列更为复杂的问题。怀特博士表示他还没有时间去深入探讨这方面的问题。

你知道吗

什么是动脉和静脉？

动脉是从心脏运送血液到全身各器官（包括心脏本身）的血管。动脉（除了肺循环的动脉以及脐动脉）运送的是含氧量高的血液。但是人体的动脉中，只流动着全身20%的血液，其他的血液主要贮存于有容量血管之称的静脉和毛细血管中。人类最大的动脉要数主动脉，直径有3厘米。

静脉是循环系统中使得血液流回到心脏的血管，大多数静脉携带的血液含氧量较低、二氧化碳含量较高，它们把血从体组织带回到心脏，肺循环的静脉和脐静脉中的血液则氧浓度最高而二氧化碳深度最低。

基因损伤会使人变成吸血鬼吗？

◎吸血鬼传说

吸血鬼是一种相当普及的人物形象，今年赢得很高票房的电影《暮光之城》讲的就是吸血鬼的故事。这纯粹是一种幻想吗？一些非常严肃的科学家认为绝非如此。实际上，拍成现代电影的那些吸血鬼均取材于中世纪的传说，而这些传说都有其现实基础。

美国中央佛罗里达大学物理教授科斯塔斯·埃弗基米奥不相信有吸血鬼，认为它们的存在有悖数学法则。因为照固定下来的说法，一个人一旦被吸血鬼咬过之后，他自己也会变成吸血鬼，然后也去吸别人的血。结果是：吸血鬼数应该呈几何级数增加。

不久前教授进行过计算，假定第一例吸血鬼出现在1600年，当时地球上有6亿人。该吸血鬼去咬了另一个人，而被咬的人又去咬别的人，根据埃弗基米奥的计算，那只需两年半时间所有的人都变成了吸血鬼，都去吸别人的血。既然历史上没出过这种事，那就说明不存在吸血鬼，现在也没有。

可是，据《国际文传电讯报》报道，在俄罗斯新莫斯科加里宁格勒州的一个村落抓到一个年轻人，他用刀砍伤一个妇女后便着手吸她的血。又据BBC的报道，英国有个名叫哈德门的17岁的犯罪分子杀了女邻居，吸干了她的血，就求个长生不老。而德国的马努埃拉和丹尼埃尔夫妇喝了被他们杀死的一个男人的血。为了能轻易咬穿血管，丹尼埃尔还把牙齿磨得相当锋利，而马努埃拉还配了若干又长又尖有如野兽獠牙的牙冠。

电影《暮光之城》中的男主角

西方报刊上的这种报道简直太多了。那是不是说：果真有吸血鬼呢？

俄罗斯的医学副博士谢尔盖·瓦西里耶夫说，那些根本不能算是吸血鬼，而只能算是撒旦崇拜者，是一些神经错乱的“莽汉”，他们在举行某种仪式时往往都要喝血。所以不能将他们去混同那些真正有病的人，而那些病人很可能就是过去传奇故事中出现的吸血鬼的原型。

电影《暮光之城》截图（右为吸血鬼）

其实大约在1000年前便有人提到了吸血鬼。在中世纪，关于它们的传说已经很多很多。它们被抓起来之后，都被当成恶魔成千上万地放在火上去烧。在当时宗教裁判官的不少著作里都提到过吸血鬼的特征。据说其模样十分可怕：嘴里戳出獠牙，眼神显得精神失常，举动带有侵略性，害怕白昼的亮光，夜间才出来活动，常向人发动袭击，吸人的血。

◎吸血鬼实际上是一种重症

第一个研究这一问题的是英国医生李·伊利斯，他认为所谓的吸血鬼实际上是一种重症——卟啉症的患者。1963年，医生曾向英国皇家医学会提交一篇题为《论卟啉症和吸血鬼的病源》的论文，开始还很少人相信他，一直到20世纪80年代中期才有人开始支持他的观点，才慢慢相信，欧洲的那些关于吸血鬼和会变化的人的传说还是有它的现实基础的。

科学家认为，卟啉症很可能是一种遗传病症，是由于基因的某种能影响到皮下色素的损伤所引起。

那是因为每个活生物体都饱含称之为卟啉的色素。比如说，它们进入能给树叶绿色的叶绿素里，也能进入能使血液成为红色的血红蛋白里。由于基因程序的不规则，卟啉的自然交换便会受到影响。它们在皮下堆积起来，在阳光的作用下变成一种能将普通氧变成所谓单线氧的催化剂。而众所周知，单线氧的分子对细胞有一种破坏作用。

在这个问题上，谢尔盖·瓦西里耶夫自有他的见解。他认为，在卟啉症严重发作时候，受损的组织会变得畸形。整个身体，尤其是肢端会蜷曲起来，结果使脸变得都认不出来了，怪吓人的。皮肤变黑，牙床被腐蚀后现出獠牙，而卟啉又赋予其一种血红色，所以给人一种带血獠牙的印象。这种人都害怕阳光，在其照射下皮肤上常出现有痛感的烧伤溃疡，他们只有夜间才出门，精神上开始有所变化。

◎ 卟啉症患者对血红蛋白的渴求

科学家并不否认，卟啉症患者开始对别人的血有一种渴求，因为从外面进入的血红蛋白有减轻痛苦的功能。可是中世纪又能到哪儿去弄血红蛋白呢？办法只有一个，那就是去吸别人的血，这在不少恐怖故事中已屡见不鲜。

嗜血已经成了一个人的病态需求，于是一种自我保存的本能将其变成了吸血鬼。

谢尔盖·瓦西里耶夫认为，卟啉症到今天也还是个怪病，医学界人士今天对这种病还在进行进一步的研究，目前仅限于靠输血来治疗，但病重之后并不解决问题，不过万幸的是这种重病例并不多，全世界也不过100例左右。

据说，德国前总理科尔的夫人就是得了无法治愈的卟啉症而自尽的。她受尽了白昼亮光所引起的病痛之苦，实际上已多年不敢出家门一步，于2001年7月5日自尽。

拓展阅读

血红蛋白

血红蛋白是高等生物体内负责运载氧的一种蛋白质。可以用平均细胞血红蛋白浓度测出浓度。血红蛋白存在于几乎所有的脊椎动物体内，在某些无脊椎动物组织也有分布。血液中的血红蛋白从呼吸器官中将氧气运输到身体其他部位释放，以满足机体氧化营养物质支持功能运转之需要，并将由此生成的二氧化碳带回呼吸器官中以排出体外。

基因工程展望

生物科技突飞猛进、日新月异，生物技术在许多领域正在发挥越来越重要的作用。基因工程产品在农业领域无孔不入，在医学领域取得显著进展，已有一些遗传工程药物取代了常规药物，医学界在几方面从基因研究中获利；克隆技术的进展为拯救濒危物种及探索多种人类疾病的治疗方法提供了前所未有的机会。但近年来警惕遗传学家的行为的声音越来越受到重视。从1986年英国发现疯牛病，到比利时污染鸡查出致癌的二恶英和可口可乐在法国导致儿童溶血症，欧洲人对食品安全颇有些风声鹤唳，关于转基因食品可能危害人类健康的假设如条件反射一般让他们闻而生畏。

任何事物都有其两面性，基因如同一把双刃剑一样，既可以造福人类，又可以为祸人间。但是，我们要看到基因对人类发展的价值是不可估量的，只要我们趋利避害，科学合理地利用开发，基因必将成为未来人类科学进步的主力军。

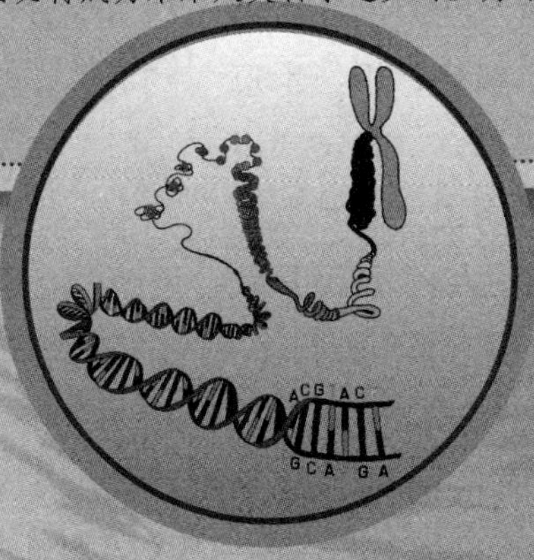

基因工程与医药卫生

基因工程药物是重组 DNA 的表达产物。广义地说，凡是在药物生产过程中涉及用基因工程的，都可以称为基因工程药物。在这方面的研究具有十分诱人的前景。

基因工程药物研究的开发重点是从蛋白质类药物，如胰岛素、人生长激素、促红细胞生成素等的分子蛋白质，转移到寻找较小分子蛋白质药物。这是因为蛋白质的分子一般都比较大，不容易穿过细胞膜，因而影响其药理作用的发挥，而小分子药物在这方面就具有明显的优越性。另一方面对疾病的治疗思路也开阔了，从单纯的用药发展到用基因工程技术或基因本身作为治疗手段。

现在，还有一个需要引起大家注意的问题，就是许多过去被征服的传染病，由于细菌产生了耐药性，又卷土重来。其中最值得引起注意的是结核病。据世界卫生组织报告，现已出现全球肺结核病危机。本来即将被消灭的结核病又死灰复燃，而且出现了多种耐药结核病。据统计，全世界现有 17.22 亿人感染了结核病菌，每年有 900 万新结核病人，约 300 万人死于结核病，相当于每 10 秒钟就有一人死于结核病。科学家还指出，在今后的一段时间里，会有数以百计的感染细菌性疾病的人将无药可治，同时病毒性疾病日益曾多，防不胜防。不过，与此同时，科学家们也探索了对付的办法，他们在人体、昆虫和植物种子中找到一些小分子的抗微生物多肽，它们的分子量小于4000，仅有 30 多个氨基酸，具有强烈的广谱杀伤病原微生物的活力，对细菌、病菌、真菌等病原微生物能产生较强的杀伤作用，

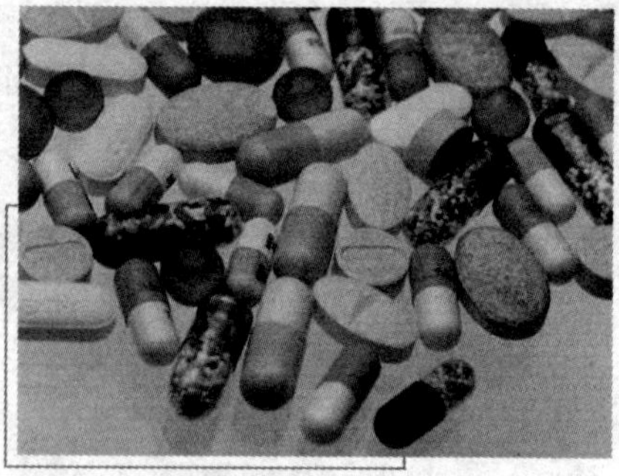

超级抗生素

有可能成为新一代的“超级抗生素”。除了用它来开发新的抗生素外，这类小分子多肽还可以在农业上用于培育抗病作物的新品种。

目前，基因工程在医药卫生领域的应用非常广泛，主要包括以下两个方面：

1. 生产基因工程药品。如胰岛素、干扰素和乙肝疫苗等。基因工程药品是制药工业上的重大突破。

2. 用于基因诊断与基因治疗。基因工程技术还可以直接用于基因的诊断和治疗。目前用基因诊断方法已经能够检测出肠道病毒、单纯疱疹病毒等许多种病毒。

基因治疗是把健康的外源基因导入有基因缺陷的细胞中，达到治疗疾病的目的。如恶性肿瘤、艾滋病、心血管疾病，以及糖尿病等，也都可以被人类征服。

广角镜

干扰素

干扰素是动物细胞在受到某些病毒感染后分泌的具有抗病毒功能的宿主特异性蛋白质。细胞感染病毒后分泌的干扰素能够与周围未感染的细胞上的相关受体作用，促使这些细胞合成抗病毒蛋白防止进一步的感染，从而起到抗病毒的作用，但干扰素对已被感染的细胞没有帮助。干扰素是1957年英国科学家在研究病毒干扰现象时发现的。所谓病毒干扰现象就是一种病毒感染某个细胞后能够干扰随后的其他病毒对该细胞的感染。

知识小链接

耐药性

耐药性是指药物的治疗疾病或改善病人症状的效力降低。当投入药物浓度不足，不能杀死或抑制病原时，残留的细菌可能具有抵抗此种药物的能力。例如细菌可能因抗生素产生的活性氧诱发DNA突变而造成抗药性。耐药性亦指因长期服药，造成相同剂量却不如当初有效的情况。耐药性产生也可能是抗生素的滥用，或未按处方服药。

基因工程与农牧业、食品工业

基因工程在农牧业生产上的应用主要是培育高产、优质或具有特殊用途的动植物新品种。基因工程在农业方面的应用主要表现在两个方面。首先是通过基因工程技术获得高产、稳产和具有优良品质的农作物。例如，用基因工程的方法可以改善粮食作物的蛋白质含量。其次是用基因工程的方法培育出具有各种抗逆性的作物新品种。自然界中细菌的种类是非常多的，在细菌身上几乎可以找到植物所需要的各种抗性，如抗虫、抗病毒、抗除草剂、抗盐碱、抗干旱、抗高温等。如果将这些抗性基因转移到作物体内，将从根本上改变作物的特性。

基因工程在畜牧养殖业上的应用也具有广阔的前景，科学家将某些特定基因与病毒 DNA 构成重组 DNA，然后通过感染或显微注射技术，将重组 DNA 转移到动物受精卵中。由这种受精卵发育成的动物可以获得人们所需要的各种优良品质，如具有抗病能力、高产仔率、高产奶率和高质量的皮毛等。

基因工程还可以为人类开辟新的食物来源。

基本小知识

除 草 剂

除草剂是一类用来杀死植物的药剂。这些药剂能够选择性地作用于特定目标，使其他对于人类有用的农作物不受伤害，或受的伤害较小。有些除草剂能干扰杂草的生长，这类除草剂通常以植物激素为基础。用来清理荒废土地的除草剂能够杀死所有与其接触的植物。有些植物本身也有制造除草剂的能力，例如胡桃。

基因工程与环境保护

基因工程的方法可以用于环境监测，基因工程还可以用于被污染环境的净化，分解造成环境污染的农药，并试图通过基因工程的方法回收和利用工业废物。凡此种种，都是一些可望取得成功和发展前景十分光明的研究课题。

（1）在工业上，由于用微生物进行发酵生产要比在大田中进行农牧业生产具有许多优越性，因而它已成为农牧业发展的一个远景方向。而要实现这一目标，基因工程将是最有效的手段。例如，有人设想并正在试验将抗生素生产菌放线菌或霉菌的有关遗传基因转移至发酵时间更短、更易于培养的细菌细胞中；将动物或人产胰岛素的遗传基因转移至酵母或细菌的细胞中；将家蚕产丝蛋白的基因引入细菌细胞中；把人或动物产抗体、干扰素、激素或白细胞介素等的基因转移至细菌细胞中；把不同病毒的表面抗原基因转移到细菌细胞中以生产各种疫苗；用基因工程手段提高各种氨基酸发酵菌的产量；构建分解纤维素或木质素以生产重要代谢产物的工程菌；用基因重组技术培育工业和医用酶制剂等高产菌的工作；等等。

这类工作如获成功，其经济效益将是十分显著的。例如，目前用 100 千克胰脏只能提取 3 ~4 克胰岛素，而用“工程菌”进行发酵生产，则只要用几升发酵液就可取得同样数量的产品。1978 年，美国有两个实验室合作，使 E. coli产生大白鼠胰岛素的研究已获成功。接着，又报道了通过基因工程使 E. coli合成人胰岛素实验成功的消息。他们在实验室中曾将人胰岛素 A、B 两链的人工合成基因分别组合到E. coli的不同质粒上，然后再转移至菌体内。这种重组质粒可在E. coli细胞内进行正常的复制和表达，从而使带有 A、B 链基因的“工程菌”菌株分别产生人胰岛素的 A、B 链，然后再用人为的方法，在体外通过二硫键使这两条链连接成有活性的人胰岛素。另外，在 1977 年，国外已利用基因工程技术，使E. coli 生产出一种名为生长激素释放因子“SRIH”的动物激素（一种十四肽，能抑制其他激素的释放和治疗糖尿病等），它原来要从羊的脑下垂体中提取，宰 50 万头羊也只能提取 5 毫克的产品，而现在只要用 10 升发酵液就可获得同样的产量。

近年来，应用遗传工程获得这类产品的例子正与日俱增，尤其是多肽类物质，如脑啡肽（大脑中的镇痛物质）、卵清蛋白、干扰素（用于治疗病毒性感染）、胸腺素 α－1（有免疫援助因子的作用，可治疗癌症）、乙型肝炎疫苗和口蹄疫病毒疫苗等。我国学者也急起直追，在脑啡肽、α－干扰素、γ－干扰素、人生长激素、乙型肝炎疫苗、含乙肝表面抗原基因的牛痘病毒株以及青霉素酰化酶等的基因工程研究中，取得了一系列令人鼓舞的成果。

（2）在农业上，基因工程的应用也十分广阔。几个主要的应用领域包括：

①将固氮菌的固氮基因转移到生长在重要作物的根际微生物或致瘤微生物中去，或是干脆将它引入到这类作物的细胞中，以获得能独立固氮的新型作物品种。根据估算，利用前一种方法，其研究经费仅及通过常规方法发展氮肥工业以达到同样效果的 1/200～1/2000；而后一种途径则更省事，其成本还不到上述的 1/2000。

②将木质素分解酶的基因或纤维素分解酶的基因重组到酵母菌内，使酵母菌能充分利用稻草、木屑等地球上贮量极大并可永续利用的廉价原料来直接生产酒精，并可望为人类开辟一个取之不尽的新能源和化工原料来源。

③改良和培育农作物和家畜、家禽新品种，包括提高光合作用效率以及各种抗性基因工程（植物的抗盐、抗旱、抗病基因以及鱼的抗冻蛋白基因）等。

世界各国对转基因生物及其

拓展阅读

口　蹄　疫

口蹄疫是牛和猪的一种非致命的病毒传染病。由于历史原因，在中国大陆该病也称为“五号病”或“W 病”。它也可以感染鹿、山羊、绵羊和其他偶蹄动物，比如象、鼠和刺猬。马和人类感染病例则非常少。1897 年，Friedrich Loeffler 首先揭示口蹄疫起因为病毒。他将感染动物的血液穿过良好的瓷玻璃过滤器，发现收集到的液体还能够在健康动物中致病。

产品管理的出发点，基本上都是在保障人类健康。农业生产和环境安全的同时，促进其发展，使之为人类创造最大的利益。

对于转基因技术的发展，我国政府一方面采取措施，鼓励、支持、推动国际国内的研究开发，反对借口生物安全限制生物技术的发展或构筑贸易壁垒；另一方面，对生物安全问题的广泛性、潜在性、长期性、严重性予以高度重视，坚决反对单纯追求商业利益、局部利益的行为，同时充分考虑伦理、宗教等诸多社会经济因素，以对全人类和子孙后代长远利益负责的态度做好生物安全管理工作。

转基因食品的发展

转基因作物大面积种植已有 10 年了，食用转基因食品的人群超过 10 亿，至今没有转基因食品的不安全的实例。转基因食品的安全性的长期效应由此可见一斑。因此，对待转基因食品安全性长期效应问题，应该有一个科学的态度，应坚持安全性的实质等同原则。现在我国已培育出了一批转基因农作物品种，有些已经做了多年的田间实验，产业化条件已经成熟，应该进一步不失时机地推进产业化，以满足我国人民日益增长的消费需求。

（1）利用转基因技术能生产出更有营养、更宜贮存和更能促进健康的食品，对工业化国家和发展中国家的消费者都有好处，对缓解或解除粮食危机具有重要意义。应有计划的一致行动，研究转基因技术可能对环境及人类带来的正、负面影响，并且要将这种影响与目前使用的常规农业技术所产生的影响相比较来评估，即以“实质等同”的原则来进行评估。

（2）对动、植物进行负责任的遗传修饰或使用转基因技术在实质上既不新也不会有危害性。传统的遗传育种与转基因技术相比缺乏灵活性和精确性，并因此而缺乏可预期性，其风险绝不比转基因技术低。

（3）夸大转基因食品的潜在危险性，缺乏研究依据的推测，可能会使消费者对食品安全产生认识混乱，从而在根本上阻碍转基因技术的发展。

（4）转基因技术和转基因食品客观存在的风险性有可能成为一些该技术发展滞后的国家设置粮食贸易上的技术壁垒的借口。

（5）积极发展转基因技术及食品产业，同时对技术和产品进行严格的监管。安全发展的转基因技术无疑正在并将继续领导一场新的生物及农业科技的产业革命，人类也将因此而衣食无忧。

基本小知识

转基因食品

转基因指通过生物技术把基因片断从生物中分离出来，然后植入另一种生物体内的技术。含有通过转基因技术制造出来的新品种生物的食品就是转基因食品。例如，北极鱼体内的某个基因有防冻作用，科学家将其抽出，植入西红柿里，于是就制造出新品种耐寒西红柿。这种西红柿以及含有这种西红柿成分的番茄酱则是转基因食品。

转基因食品的安全性

1998 年，英国阿伯丁罗特研究所普庶泰教授的研究报告指出，幼鼠食用转基因土豆后，会使内脏和免疫系统受损，这是对转基因食品提出的最早的所谓有科学证据的质疑。虽然 1999 年 5 月英国皇家学会宣布此项研究没有任何有力的证据，但它还是在全世界范围内引发了对转基因食品安全性的讨论。

长期食用证明，食品中的 DNA 及其降解产物对人体无毒害作用。任何基因都由 4 种碱基组成，目前转基因食品中所使用的外源基因，不管其来源如何，其组成与普通 DNA 并无差异。

转基因食品被食用后，其中绝大部分 DNA 早已被降解，并在肠胃中失活。那么剩下的极少部分是否会水平转移呢？例如转基因食品作物中含有抗生素抗性标志基因，它能否通过转基因食品传递给人畜肠道的微生物，并在其中表达，影响人畜口服抗生素的药效呢？这种可能性很小，除非在特例中需加以考虑。因为DNA转移并整合进入受体细胞是一个非常复杂的过程，要求DNA必须与细胞结合且受体细胞必须呈感受态。消化系统中也没有DNA转至微生物的机制，所以转基因食品中的新基因或活的转基因微生物将标志基因传递给人或家畜的肠道微生物，危害人或家畜的健康的可能性很小。

外源蛋白质的食用安全性。外源蛋白质的安全性需考虑到其直接毒性、过敏性、因蛋白的催化功能而产生的副作用。引起食品过敏症的大多数转基因食品中都引入一种或几种蛋白质，它们在加工、烹调和食用过程中相对稳定，这些异种蛋白有可能引起食品过敏，特别是对儿童和过敏体质的成人。有报道称，对巴西坚果过敏的人食用转入巴西坚果基因的大豆后发生过敏。目前被批准商业化生产的转基因食品中的外源基因都必须通过相关的试验，分析基因表达蛋白的化学组成、含量、每天摄入量以及在消化道的稳定性。例如转基因延熟番茄FLAVRSAVRTM中外源基因编码产生的外源蛋白质经与有关的毒性蛋白质进行同源性比较，未发现与已知的毒性蛋白质具有同源性。由于外源基因含量很低，其编码的蛋白质数量也很小，只占番茄果实中总蛋白质含量的0.08%，因此人体每天摄入的外源蛋白质的数量不超过25~74微克/千克·日。用该外源蛋白质进行小白鼠急性毒性试验的结果表明，饲喂量达500毫克/千克体重时，未产生不利影响。所以从外源蛋白质的毒性方面看，食用转基因番茄FLAVRSAVRTM不会产生安全性问题。此外，体外模拟试验证明，FLAVRSAVRTM中外源蛋白质的稳定性较差，在模拟胃的条件下（pH值1.2的胃蛋白酶溶液，37℃），该蛋白在10秒内即被降解，目前亦无证据表明该蛋白降解产生的多肽比其他蛋白降解后的多肽毒性大。

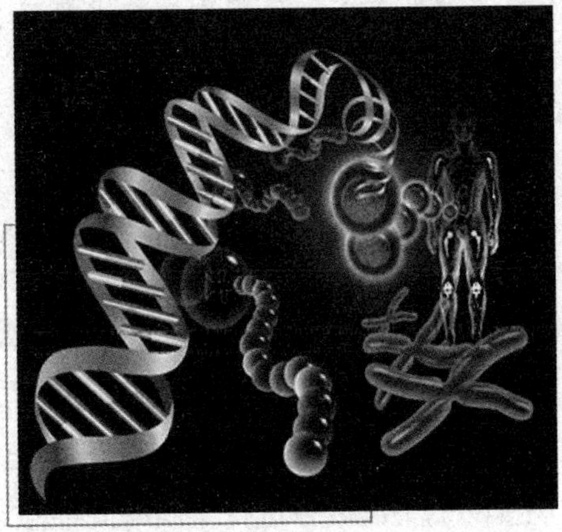
DNA与蛋白质

广角镜

免疫系统

免疫系统是生物体内一个能辨识出“非自体物质”（通常是外来的病菌）、从而将其消灭或排除的整体工程的统称。它能从自身的细胞或组织辨识出非自体物质（小自病毒，大至寄生虫）。所有植物与动物都具有先天免疫系统。

另外，转基因技术能否对人类所处的生态环境、食物链等形成间接的影响也确实应该引起人们的注意。有报道，Bt 玉米分泌转基因表达的毒素至土壤，其与土壤中颗粒结合并可在土壤中残留几个月。另外，由于种植耐除草剂的转基植物后，提高了农药的使用量，长久可出现耐受性强的杂草株。从营养成分的基因改良角度考虑，转基因食品的氨基酸、碳水化合物、脂肪以及其他微量成分的种类及构成高分子物质的排列顺序有所变化，天然毒素的含量也可能发生变化，因此必须对转基因食品与常规食品的关键成分进行实质等同性鉴定，来判定其是否可以安全食用。

基本小知识

过　敏

过敏属于炎症反应，是指当一些外来物侵入人体时，人体的免疫系统产生的过度反应。过敏就是将外来抗原解读为有害的物体产生变态反应，会使免疫细胞中的吞噬细胞开始活化，释出组织胺与前列腺素，组织胺与前列腺素会使微血管扩张、血管通透性增加、发痒、平滑肌收缩和反射作用等一连串的作用，小则皮肤出现红斑麻疹，重则导致肿胀发热等炎症表征。过敏指的即是这些不正常的反应。严重的过敏症状可能引起死亡。

基因技术：进退两难的境地

基因作物在舆论界引发争议不足为怪。但在同属发达世界的大西洋两岸，转基因技术的待遇迥然不同却是一种耐人寻味的现象。当美国 40% 的农田种植了经过基因改良的作物、消费者大都泰然自若地购买转基因食品时，此类食品在欧洲何以遭遇一浪高过一浪的喊打之声？

从直接社会背景看，目前欧洲流行“转基因恐惧症”情有可原。从1986年英国发现疯牛病，到今年比利时污染鸡查出致癌的二恶英和可口可乐在法国导致儿童溶血症，欧洲人对食品安全颇有些风声鹤唳，关于转基因食品可能危害人类健康的假设如条件反射一般让他们闻而生畏。同时，欧洲较之美国在环境和生态保护问题上一贯采取更为敏感乃至激进的态度，这是转基因食品在欧美处境殊异的另一缘故。一方面，欧洲各国媒介的环保意识日益强烈，往往对可能危害环境和生态的问题穷追不舍，甚至进行夸张的报道，这在很大程度上左右着公众对诸如转基因问题的态度。另一方面，以“绿党”为代表的“环保主义势力”近年来在欧洲政坛崛起，在政府和议会中的势力不断扩大，对决策过程施加着越来越大的影响。

但是，欧洲人对转基因技术之所以采取如此排斥的态度，似乎还有一个较为隐蔽却很重要的深层原因。实际上，在转基因问题上欧美之间既有价值观念之差，更是经济利益之争。与一般商品不同，转基因技术具有一种独特的垄断性。在技术上，美国的“生命科学”公司一般都通过生物工程使其产品具有自我保护功能。其中最突出的是“终止基因”，它可以使种子自我毁灭而不能像传统作物种子那样被再种植。另一种技术是使种子必须经过只为种子公司所掌握的某种“化学催化”方能发育和生长。在法律上，转基因作物种子一般是通过一种特殊的租赁制度提供的，消费者不得自行保留和再种植。美国是耗资巨大的基因工程研究最大的投资者，而从事转基因技术开发的美国公司都熟谙利用知识产权和专利保护法寻求巨额回报之道。美国目前被认为已控制了相当大份额的转基因产品市场，进而可以操纵市场价格。因此，抵制转基因技术实际上也就是抵制美国在这一领域的垄断。

生物技术在许多领域正在发挥越来越重要的作用：遗传工程产品在农业领域无孔不入，遗传工程作物开始在美国农业中占有重要位置；生物技术在医学领域取得显著进展，已有一些遗传工程药物取代了常规药物，医学界在几方面从基因研究中获利；克隆技术的进展为拯救濒危物种及探索多种人类疾病的治疗方法提供了前所未有的机会。目前研究人员正准备将生物技术推进到更富挑战性的领域。但近来警惕遗传学家的行为的声音越来越受到重视。

今天，人们借助于所谓的DNA切片已能同时研究上百个遗传基质。基因的研究达到了这样一个发展高度，几年后，随着对人类遗传物质分析的结束，人们开始集中所有的手段对人的其他部分遗传物质的优缺点进行系统的研究。但是，生物学的发展也有其消极的一面：它容易为种族主义提供新的遗传学方面的依据，对新的遗传学持批评态度的人总喜欢描绘出一幅可怕的景象——没完没了的测试、操纵和克隆、毫无感情的士兵、基因很完美的工厂工人……遗传密码使基因研究人员能深入到人们的内心深处，并给他们提供操纵生命的工具。然而他们是否能使遗传学朝好的研究方向发展还完全不能预料。

广角镜

新生儿溶血症

新生儿溶血症是由于母亲和胎儿的血型不同而引起的疾病。若母亲体内有对抗胎儿血型的抗体，这些抗体便会经过胎盘，进入胎儿体内，攻击胎儿的红细胞，引起溶血反应令胎儿有贫血、网状血球增多或黄疸等症状，严重的后果可能致死。

后基因组生物学研究

后基因组生物学，即在2005年以后，人类基因组的全核苷酸顺序测定工作完成，而且，到那时也许还有一些别的生物的基因组全核苷酸顺序测定工作完成了，到那时生物学该是个什么样子？生物学该研究些什么？这些问题目前我们还不能十分有把握地回答，但至少可以说，那时是基因组测定工作完成后的时代，那时的生物学也就是所谓“后基因组生物学”。

首先，我们将能够对更多的疾病在基因中找到答案，我们将能够对更多疾病应用基因药物来治疗。本来基因是不应申请专利的，被授予专利的只限于发明，而不是发现。但是，每克隆一个与疾病有关的基因，搞清它的作用机制并制成基因药物用于临床，平均要投入 1 亿美元。有投入就必须有回报，如果投入者的成果最后大家都能享用，那么经过商业竞争新产品就只能以略高于成本的价格出售。如果不是这样，投入者的先期投入将无法收回。其后果一是打击了投入者的积极性，二是限制了投入者对新项目投入的能力。所以，人类基因现在也被授予了专利。如肥胖基因，该基因的克隆曾被一家生物制药公司以 3000 万美元收购；但该公司并未自己生产减肥药物，而是在第二年以 7000 万美元的高价转手获利。可见，与基因有关的买卖将会在今后大量涌现。

2001 年以后的药物，很多是基因药物，基因既然可以申请专利，就会变成一项有利可图的产业。在这个产业中，我泱泱大国如何作为呢？10 万基因我们能“抢”到多少呢？在“人类基因组”研究方面我们应该做些什么呢？这是值得我国科学界深思的问题。

1997 年 11 月 11 日，联合国教科文组织在巴黎召开大会，通过了《人类基因宣言》。宣言指出：每个人身上的基因物质是“人类的共同遗产”，不应成为盈利的手段。这就是说，科学研究应该与商业行为分开，科学研究可以从商业机构那里得到资助，但科学成果应该是人类的共同财富。

人类后基因组研究是在已知基因序列的基础上进行基因功能的研究，即收集、整理、检索和分析基因序列中表达的蛋白质的结构与功能等信息，找出规律，发现重要功能基因，使其具有经济用途。后基因组的研究重点将从揭示生命的所有遗传信息转移到在整体水平上对功能的研究，从基因组整体水平上对基因的活动规律进行阐述。

后基因组学所要解决的核心问题就是如何破译天文数字般的 DNA 信息所编码的蛋白质功能以及占人基因组序列 95% 以上的非编码区的调控功能。如检测基因表达水平，即检测基因的差别表达，进而找出与疾病相关基因和变异的基因；检测基因多型性；从整体基因组水平上考察生物代谢途径，如细胞分化发育阶段转换的关键时刻基因表达的差别和特点等方面。同时人们尽管对约占人类基因组 95% 的非编码区的作用还不太了解，但从生物进化的观点看来，这部分序列必定具有重要的生物功能，它们与基因在四维时空的表达调控有关。寻找这些区域编码特征、信息调节与表达规律是未来相当长时间内的热点课题。

在后基因组时代，生物学家面对的不仅是序列和基因，而是越来越多的完整基因组，对这些完整基因组研究所导致的比较基因组学必将为后基因组研究开辟新的领域。随着人类基因组计划的执行，找到人类 10 万个基因的碱基序列是指日可待的事，因而，确定人的上千个原癌基因和几万个与疾病相关基因表达产物的氨基酸顺序也会逐步实现，然而要找到这些蛋白质致病的分子基础，只有氨基酸顺序的知识是不够的，必须知道它们的三维结构，因此蛋白组学（Proteomics）的研究显得异常重要，基于蛋白质的结构与功能的药物设计将成为后基因组研究的重中之重。另外，医药基因组学也是一个重要方向，揭示人的基因多样性和变异性是如何影响药物效果和安全性，一方面可根据病人的基因检测结果因人施药，另一方面，在新药整个开发过程中，很多环节都需要医药基因组学的研究与开发，如影响药物作用的是哪些基因？这些基因变异的类型如何？通过医药基因组学的研究可以发现相关基因功能新药靶，并在鉴定与药物分布、活化、代谢等有关的基因及其变异等情况下，预测新药在不同个体内的效果和安全性。

趣味点击　联合国教科文组织

联合国教育、科学及文化组织，简称联合国教科文组织，成立于 1946 年 11 月 4 日，是联合国的一个专门机构，其总部设在法国巴黎。组织之宗旨在于通过教育、科学及文化来促进各国间的合作，对和平与安全做出贡献，以增进对正义、法治及联合国宪章所确认的世界人民不分种族、性别、语言或宗教均享人权与基本自由之普遍尊重。